高等职业教育新目录新专标
电子与信息大类教材

智能语音技术及应用开发

付丽琴　邢亚英　王家波 **主　编**

闫　硕　侯佳丽　马　玲 **参　编**

电子工业出版社
Publishing House of Electronics Industry
北京·BEIJING

内 容 简 介

本书对接智能语音开发运维岗位要求、人工智能语音应用开发 1+X 职业技能等级标准，内容涉及语音及智能语音相关技术的基本概念与简单应用，并对语音识别、声纹识别、语音合成、语音评测等重点应用的技术框架和开发技术进行了介绍。

本书可作为高职高专及应用型本科人工智能专业学生的专业课教材，也适合对语音技术感兴趣的学员或从事语音技术开发运维岗位的人员参考。

图书在版编目（CIP）数据

智能语音技术及应用开发 / 付丽琴，邢亚英，王家波主编. — 北京：电子工业出版社，2024. 11.
ISBN 978-7-121-49251-8

Ⅰ. TP18；TP391.1

中国国家版本馆 CIP 数据核字第 2024VC4353 号

责任编辑：王　璐
印　　刷：三河市良远印务有限公司
装　　订：三河市良远印务有限公司
出版发行：电子工业出版社
　　　　　北京市海淀区万寿路 173 信箱　　　邮编：100036
开　　本：787×1092　　1/16　　印张：12.5　　字数：320 千字
版　　次：2024 年 11 月第 1 版
印　　次：2024 年 11 月第 1 次印刷
定　　价：45.00 元

凡所购买电子工业出版社图书有缺损问题，请向购买书店调换。若书店售缺，请与本社发行部联系，联系及邮购电话：（010）88254888，88258888。

质量投诉请发邮件至 zlts@phei.com.cn，盗版侵权举报请发邮件至 dbqq@phei.com.cn。

本书咨询联系方式：（010）88254580，zuoya@phei.com.cn。

前　言

党的二十大报告强调，"推动战略性新兴产业融合集群发展，构建新一代信息技术、人工智能、生物技术、新能源、新材料、高端装备、绿色环保等一批新的增长引擎"。当前，人工智能日益成为引领新一轮科技革命和产业变革的核心技术，人工智能的应用场景不断拓展，全面赋能各行业，极大地改变了既有的生产生活方式。智能语音技术是人工智能应用中最成熟的技术之一，因拥有交互的自然性而成为市场上人工智能产品应用最为广泛的技术之一。

本书以"必须、够用"为原则，以培养学生的工程应用能力和职业素养为主线，将思政要素融入内容，包含初步了解语音、智能语音相关技术、语音识别技术应用、声纹识别技术应用、语音合成技术及应用、语音评测技术应用、语音技术综合实践七个主题单元，每个单元的内容涉及基本概念、术语、技术应用、开发实践和工程问题解决等。

本书以工作任务为导向，采用"单元教学法"的思路，以典型任务驱动教学内容的组织和知识的学习。每个任务的内容通过学习目标、任务情境、任务布置、知识准备、任务实施、任务评价等环节进行组织和实施，回避枯燥的理论知识，侧重应用开发能力的培养。

本书由国家级职业教育教学创新团队的骨干成员编写，编者中既有来自科大讯飞股份有限公司的工程师，也有来自学校的一线教师。教材内容力求通俗易懂，精心选取企业真实案例，基于先进的 AI 开源平台开发实践项目。单元 1 由马玲编写，单元 2、单元 4、单元 5 由付丽琴编写，单元 3 由邢亚英编写，单元 6 由侯佳丽和付丽琴共同编写，单元 7 由王家波和闫硕共同编写。王家波工程师提供了其中基于讯飞开放平台进行智能语音开发的案例。邢亚英对全书（包括实训项目）进行了审核。

编　者

目　　录

单元 1　初步了解语音

学习目标

- 了解语音的属性，掌握语音产生的过程，了解语音中蕴含的信息。
- 了解数字语音及语音信号数字化的相关知识。
- 培养学生解决工程问题的能力。
- 培养学生勇于探索、敢于创新的拼搏精神和精益求精的工匠精神。

任务 1.1　了解语音的产生

任务情境

通过语音相互传递信息是人类最重要的基本能力之一。语言是人类特有的表达方式，声音是人类常用的工具，是相互传递信息的最重要的手段。虽然人可以通过多种手段获得外界信息，但较重要的信息源只有声音、图像和文字三种。与采用声音传递信息相比，显然采用图像和文字传递信息的效果要差得多，这是因为，一方面，语音中除包含实际发音内容外，还包括说话人是谁及说话人的喜怒哀乐等各种信息，所以是人类最重要、最有效、最常用和最方便的交换信息的方式；另一方面，语言和语音与人的智力活动密切相关，与文化和社会的进步紧密相连，所以具有最大的信息容量和最高的智能水平。

了解语音的产生

任务布置

1. 理解语音的物理属性、生理属性和社会属性。
2. 理解语音的产生过程。
3. 了解语音中蕴含的信息。

知识准备

1.1.1　语音的属性

什么是语音？语音是由人的发音器官发出来的、具有一定意义的声音。自然界的风声、雨声都不是由人的发音器官发出来的，所以不是语音；气喘声、打喷嚏声虽然是由人的发音器官发出来的，但那只是人的本能生理反应，并不具有意义，不起交际作用，所以也不是语音。语

1

音是语言的物质外壳，语言要通过语音来传递信息、进行交际。没有语音这个物质外壳，意义无法传递，语言也就不能成为交际工具。

语音具有物理属性、生理属性和社会属性三个方面的属性。其中物理属性和生理属性是语音的自然属性，自然界的各种声音都有物理属性或生理属性，但只有语音具有社会属性，只有人类社会才有语音，因此社会属性是语音的本质属性。

1. 语音的物理属性

语音的物理属性包括音高、音强、音长和音质。

（1）音高：音高指声音的高低。它决定于发音体振动频率的大小，与频率成正比。语音的高低决定于声带振动的频率，声带的长短、薄厚、松紧都与语音高低有关。

（2）音强：音强指声音的强弱。它决定于发音体振幅的大小，同发音体的振幅成正比。语音的音强跟发音时用力大小和气流强弱有关。我们说话时用力大，气流强，声音就强，反之就弱。

（3）音长：音长指声音的长短。它决定于发音体振动时间的长短，振动持续的时间长，声音就长；振动的时间短，声音就短。

（4）音质：音质指声音的个性或特色，也叫音色。它决定于发音体振动的形式。

2. 语音的生理属性

语音是通过发音器官发出来的。发音器官可以分为以下三个部分。

（1）动力部分：肺和气管——动力站。

（2）发音部分：喉头和声带——发音体。

（3）调节部分：口腔和鼻腔——共鸣体。

语音是由人的发音器官发出来的，因而具有生理属性。发音时发音器官状况不同、所用的方法不同，发出的声音也不同，所以学习语音时也要研究发音器官的构造及其在发音中所起的作用。

3. 语音的社会属性

语言是人类最重要的交际工具，具有社会性；语音是语言的物质外壳，也具有社会性。每种语言的语音特点，比如有哪些音，没有哪些音；哪些音能和哪些音相拼，不能和哪些音相拼；哪些音能区别意义，哪些音不能区别意义等，主要不是由语音的物理属性和生理属性决定的，而是由语音的社会属性决定的，也就是由使用该语言的民众决定的，由此可知，语音的社会属性是语音的本质属性。

（1）语音具有民族特征。

（2）语音具有地方特征。

语音是具有意义的，语音形式和意义的关系是各个社团的人们约定俗成的，语音形式和意义没有必然的联系。例如："一"（表示第一位的数字），汉语说"yī"，英语说"one"，俄语说"один"，日语说"いち"。

1.1.2 语音的产生

1. 发音的生理器官

人体发音是由很多口腔器官集群相互协调配合完成的，声纹差异性特征的原因主要有两点，一是包括咽喉等器官的组成差异性，影响着声带振动的幅度和频率的范围；二是包括鼻腔、唇、舌、软腭等声腔肌肉群被机体控制发音的方式组成差异性，集群之间相互作用，就可以发出机体独有的声纹特征。

发音器官可以分为以下三个部分。

（1）肺和气管。气流是发音的动力，呼气时肺是气流的动力站。气管是气流出入的通道，吸气时气流经过气管进入肺，呼气时气流由肺经过气管呼出。汉语主要靠呼出的气流来发音。

（2）喉头和声带。气管的上部接着喉头。喉头是由四块软骨构成的圆筒，圆筒的中部附着声带。声带是两片富有弹性的肌肉薄膜，两片薄膜中间的空隙是声门，声门是气流的通道。声带可以放松，也可以拉紧，放松时发出的声音较低，拉紧时发出的声音较高。声门可以打开，也可以关闭，打开时，气流可以自由通过；关闭时，气流可以从声门的窄缝里挤出，使声带颤动发出响亮的声音。

（3）口腔和鼻腔。喉头上面是咽腔。咽腔是个三叉口，下连喉头，前通口腔，上连鼻腔。呼出的气流由喉头经过咽腔到达口腔和鼻腔。口腔、鼻腔、咽腔都是共鸣体，对发音来说口腔最重要。构成口腔的组织，上面的叫上颚，下面的叫下颚。上颚包括上唇、上齿、齿龈、硬腭、软腭和小舌，下颚包括下唇和下齿，舌头也附着在下颚上。舌头又分为舌尖、舌面和舌根。上颚上面的空腔是鼻腔，软腭和小舌处在鼻腔和口腔的通道上。软腭上升时，鼻腔关闭，气流从口腔通过，这时发出的声音叫口音。软腭下垂时，口腔中的某一部位关闭，气流从鼻腔通过，这时发出的声音叫鼻音。口腔和鼻腔的示意图如图 1-1 所示。

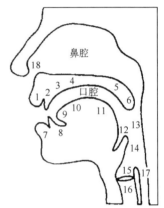

1—上唇；2—上齿；3—齿龈；4—硬腭；
5—软腭；6—小舌；7—下唇；8—下齿；
9—舌尖；10—舌血；11—舌根；
12—咽腔；13 咽壁；14—会厌；
15—声带；16—气管；17—食道；18—鼻孔

图 1-1 口腔和鼻腔的示意图

2. 语音产生的三个阶段

（1）发音。一切声音的产生都源于发音体的振动。发音体振动时，会扰动周围的空气或其他媒介产生波动，这样就形成了声波。

对言语声来说，声音可以由两种方式产生：声带振动或声道狭窄部所产生的涡流。声音经过气流通道所形成的共鸣系统或滤波器以后，频谱发生改变，在经过口腔和鼻腔时频谱又发生改变。不同音位之间的差别可以由声源引起，也可以由声道的形状和空气柱的长度不同引起。

（2）传递。声波发生后经过一个共鸣系统，其频谱可以发生变化。这样的共鸣系统相当于一个声学滤波器，滤波器的作用可以用频响曲线，即各个频率的增益或输出来表达。滤波在言语的产生过程中起了重要的作用。咽喉、口腔、牙齿、口唇、鼻腔组成了一个声道，此声道即一个共鸣腔，对气管或声带发出的声波进行滤波。之后，通过外部空气传导到人的耳朵，就会产生言语声的感觉。

（3）感知。当听话人的耳朵接收到说话人的言语声时，听觉神经系统便把内耳转化成的电信号传导至大脑皮层，被大脑感知。感知的内容包括语音的音高、音强、音长、音色和语调等复杂信息，听话人从而能明确地判断说话人的意思。

了解了上述内容，可以知道语音是怎么产生的。借助于语言，人类才能获得经验之外的信息，分享他人的经验和体会，交流思想和沟通情感。在社会发展的各个阶段，语言的分化过程和统一过程起作用的结果是形成了多种语言，这就是具体语言的产生。

1.1.3　语音中蕴含的信息

人类语音所包含的信息可以分为三类，即"说什么""谁在说""如何说"。"说什么"是计算机语音识别的核心工作；"谁在说"是识别说话人的核心工作。人类的语音情感感知过程就是"如何说"所指的说话人的情感状态，是语音的超语言信息。

那么，一段语音中会包含什么信息呢？语音中包含的部分信息如图 1-2 所示。

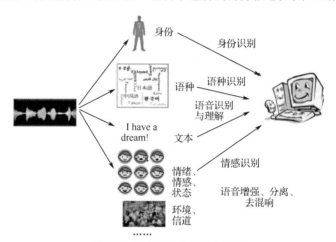

图 1-2　语音中包含的部分信息

语音信息：说话人身份、语种、文本、情感、环境等。
语音任务：身份识别、语种识别、语音识别与理解、情感识别、语音增强及分离等。

1. 语音中的语义信息（含文字信息）

语义信息也就是日常语言所说的信息，它不仅包括语言提供的信息，如天气预报、命题或描述语句、预言、科学理论等提供的信息，也包括其他事物提供的信息，如温度表、天平、GPS、数学公式、交通指示牌、疾病症状、化验数据、图片、视频等提供的信息。因此，从广义上看，数据的含义就是语义，语义的概念应该包含两个方面的内容：①语义信息和信号（Message）的含义及有关知识；②语义信息可以包含在单个信号中。

2. 语音中的生理信息（含情绪信息）

人类声音的发出，是多个发音器官共同作用的结果，所以语音中就包含了这些发音器官的生理信息，例如，当一个人感冒时，其发音就有明显的改变。

同样，在一个人的声音信息中还明确包含了语言中的情绪信息。

3. 语音中的声纹信息

所谓声纹（Voiceprint），是用电声学仪器显示的携带语言信息的声波频谱。现代科学研究表明，声纹不仅具有特定性，而且具有相对稳定的特点。人成年后，其声音可保持长期相对稳定。实验证明，无论说话人是故意模仿他人的声音和语气，还是用耳语轻声讲话，即使模仿得惟妙惟肖，其声纹始终相同。

按照常用的方法，可以制作七种声纹图：宽带声纹、窄带声纹、振幅声纹、等高线声纹、时间波谱声纹、断面声纹（又分为宽带、窄带两种）。其中，前两种显示声波强度和频率随时间变化的特征；中间三种显示声波强度或声压随时间变化的特征；断面声纹是只显示某一时间点上声波强度和频率特征的声纹图。

4.　语音中的语种信息

语言是人类用来交流的工具，但对人类语言差别的准确定义则是很困难的。据《语言学及语言交际工具问题手册》统计，人类语言数量约 5561 种，在这之外，已经有很多种语言在世界上消失了，也有很多小语种并未统计入列。其中使用人数超过 5000 万的语言有 13 种，包括汉、英、印度、俄、西班牙、德、日、法、印度尼西亚、葡萄牙、孟加拉国、意大利和阿拉伯语。按被规定为官方语言或通用语言的国家数目来说，英语占第一位（约 44 国），法语第二（约 31 国），西班牙语第三（约 22 国）。被定为联合国的正式语言有 5 种，包括汉语、英语、俄语、法语和西班牙语。

5.　语音中的逻辑信息

逻辑是人类语言中所包含的、超越语义的深层次信息，是人类思维逻辑的具体表现形式之一，其与上下文、问答、大脑思维相关。通过对语言中逻辑信息的提取，可以研究一个人惯用的思维方式，甚至性格、气质等。

6.　语音中的空间信息

人的语音以声波形式由空气作为媒介传给对方，言语声波的特征分析是现代语音学研究的最重要手段之一。言语声波的研究，早期都由物理学家进行。20 世纪初，分析语音时必须用一种特制的浪纹计画出波形，并用傅里叶分析仪对逐个周期的波进行测算，才能得出表示声波特征的频谱和频率。通常，为了研究语音中的声学特征，会对语音中的声学特征、言语波模式、过渡音征等进行分析和研究。

7.　语音中的韵律特征

语音的声学特征除音色外，还有三个特征，即音强、音高、音长，总称为语音的韵律特征，也可以称为超音段特征，它们都可以用语图仪或音强计、音高计等仪器来进行分析。音强显示语音的重音、轻音等强弱变化，音高表现语音的字调与语调，而音长则对语言节奏的快慢、字与句之间的长短关系等加以准确的计量。

用普通话、广州话和上海话三种方言来朗读一首古诗，会得到不同的窄带语图。从语图中比较这三种方言中的韵律特征，除音色不同之外，声调的调形、变调的规律及轻重音的分布都有很大的区别。韵律特征研究在提高人工言语合成的质量上起着决定性作用，声学研究也已致力于韵律特征的全面分析。

8.　听觉中的生理信息

听觉作为人类语音信息的接收端，有着重要的作用，是语音信息的天然的反馈形式。对同样的声音，不同的人会解读出不同的语义、空间等信息。一个人的生理听觉取决于其 HRTF 函数情况。研究一个人的生理听觉情况，对于语音全维信息图谱的研究有着不可或缺的作用。

任务实施

通过录音设备采集声音，用软件进行频谱分析，识别噪声。

声音采集与分析

工作流程

（1）通过录音设备采集声音。
（2）使用音频频谱分析工具对声音进行分析。
（3）判断什么样的声音属于噪声。
（4）使用软件对声音进行混音操作并保存作品。

操作步骤

1. 采集声音

使用"录音专家"软件采集声音，观察产生的音频频谱，并保存声音。如图 1-3 所示为软件录制声音的界面。

2. 分析声音

使用软件中的音频降噪功能，观察降噪处理前后音频频谱的变化，分析一般具有什么特征的频谱会被判断为噪声。如图 1-4 所示为软件音频降噪的界面。

图 1-3 软件录制声音界面

图 1-4 软件音频降噪界面

3. 体验混音等功能

（1）体验软件中的人声分离功能，如图 1-5 所示。

（2）体验软件中的添加背景音功能，如图 1-6 所示。

图 1-5　人声分离功能界面

图 1-6　添加背景音功能界面

（3）体验软件中的变声录音功能，如图 1-7 所示。

图 1-7　变声录音功能界面

任务评价

本任务的评价表如表 1-1 所示。

表 1-1　任务评价表

任务评价表				
单元名称		任务名称		
班级		姓名		
评价维度	评价指标	评价主体		分值
		自我评价	教师评价	
知识目标达成度	了解语音的物理属性和生理属性			10
	了解语音的产生			10
	了解语音中蕴含的信息			10
能力目标达成度	能利用录音设备采集声音			10
	能使用音频频谱分析工具对声音进行分析			10
	能解释智能语音相关应用的基本依据			10
素质目标达成度	具备良好的工程实践素养			10
	善于发现问题、解决问题			10
	具备严谨认真、精益求精的工作态度			10
团队合作达成度	团队贡献度			5
	团队合作配合度			5
总达成度=自我评价×50%+教师评价×50%				100

任务 1.2　了解数字语音

任务情境

日常生活中，人们常用录音机录制音乐或讲话，以便随时播放。那么能否让计算机实现录音机的功能呢？答案是肯定的。为了让计算机说话，首先要把待说的话存入计算机。与录音机不同的是，计算机记录的声音是数字式的。声音是通过机械振动产生的，振动越强，声音越大，话筒把机械振动转换成电信号，在录音机内以放大器的输出幅度来表示声音的强弱。

由于计算机技术和数字电子的发展，现在的语音设备有了重大的飞跃，从以前的体积较大的单放机、复读机，发展为音质较好、体积小、容量大的 Mp3、Mp4、手机，可以说语音技术已经相当成熟了。

语音是一种非常有用的信息载体，人们一直在寻找可靠的记录和处理语音信号的方法。音乐盒通过上发条的滚轮上不同位置的突起来带动簧片发出事先设计好的乐音，这是通过机械的方法实现语音信号的记录（有计划地在滚轮上设置突起）和回放（簧片发出乐音）。留声机、磁带等是靠磁头处的电位变化记录或回放语音信号的。而随着计算机技术的发展与普及，利用计算机处理语音信号已经被广泛应用。

任务布置

了解数字语音

1. 理解数字声音和数字语音的概念。
2. 能够清晰地描述数字语音的采集、转换、存储和表达过程。
3. 能够理解数字语音处理过程中涉及的专业术语。

知识准备

1.2.1　什么是数字声音

数字声音就是把表示声音强弱的模拟电压用数字来表示，如电压 1V 用数字 40 表示，2V 用 80 表示。通常，模拟声音的幅度被放大器限制在一定幅度内，而在此幅度内，放大器输出可以为无穷多个值，如 1.2V、1.21V、1.213V 等。而当用数字表示声音幅度时，可以把无穷多个电压值用有限个数字表示，即把某一范围内的电压仅用一个数字来表示，称为量化，如把 1.2～1.4V 的电压表示成数字 8。计算机内的基本数制是二进制，因此要把语音数据也写成计算机的数据格式，称为编码。

数字声音是以二进制编码来表示并存放于计算机存储器内的数据。模/数转换器可以把模拟声音转换成数字声音，数/模转换器可以恢复模拟声音。

1. 数字声音是如何实现的

数字声音是指利用数字化手段来录制、存放、编辑、压缩、还原或播放声音。数字声音的产生包括几个步骤。首先使用麦克风/声音传感器采集声音数据；其次进行预处理（如将多声道音频转换为单声道、重采样、解压缩等）；接着将有用的部分分割出来，通常采集的声音数据是多个声源混杂在一起的，因此需进行声源分离，将有用的信号分离提取出来进行有用信号增强；然后根据具体应用目标提取各种特征并进行特征选择；最后送入统计分类器或深度学习模型进行分类、识别或目标定位等。

2. 数字声音的应用

在日常生活中，我们总是被各种声音裹挟着，各种悦耳的、刺耳的声音环绕在我们周围。随着数字技术时代的到来，数字化趋势愈演愈烈，数字化声音的应用场景也越来越丰富。除了艺术上的应用，数字声音还有以下应用场景。

（1）医疗卫生。

人的身体本身和许多疾病都会产生各种各样的声音，借助数字声音进行辅助诊断与治疗，既可部分减轻医生的负担，又可普惠广大患者，是智慧医疗的重要方面。

（2）安全保护。

安全保护主要指智能监控方式，按照地点可分为公共场所监控和私密场所监控两种。一个完整的公共场所智能监控系统应当充分利用场景中视听觉信息的相关性，将其有机地融合到一起。例如，采集 ATM 机监控区域内的声信号，提取特征后判断是否为异常声音，与视频监控相结合可以解决 ATM 机暴力犯罪的问题。私密场所采用基于 AED 的音频监控更为合适，与已有的基于穿戴式设备的个体监护技术相比，音频监控受到的限制较小，成本也降低很多。

（3）交通运输、仓储。

数字声音在交通运输、仓储行业具有多个应用。例如，数字声音可自动进行车辆检测、车型识别、车速判断、收费、交通事故认定、刹车片材质好坏识别、飞行数据分析等，对于水、陆、空智能交通都具有重要意义。

（4）制造业。

数字声音技术在制造业的数十个细分领域中逐渐被应用。例如，基于声信号的故障诊断技术被大量应用在机械工程的各个领域，已成为故障诊断领域的一个研究热点，对于很多设备如发动机、螺旋桨、扬声器等，故障发生在内部，在视觉、触觉、嗅觉等方面经常没有明显变化，而产生的声音作为特例却通常具有明显变化，可用于机械损伤检测。此外，传统采用的基于摄像机和传感器的方法，也不能进行早期的故障异常检测，因此利用数字声音进行故障诊断有其独特的优势。

3. 语音与声音的区别

语音是人类说话时由发音器官发出的表达词语意义的声音，同自然界的其他声音一样，产生于物体的振动，是一种物理现象，具有物理属性。同时，语音又是一种生理现象，这一点同其他声音中一般动物的鸣叫是相同的，但是同其他声音中的非动物声音不同，一般物体的振动不是生理现象，因此不具有生理属性。

语音同自然界的其他声音的根本区别是：它具有社会属性。语音要表达一定的意义，用什么语音形式表达什么样的意义，必须是使用该语言的全体成员约定俗成的。

1.2.2 语音信号数字化

信号从物理属性上分为模拟信号与数字信号。话筒输出的语音信号属于模拟信号；而计算机存储、播放或合成的语音信号，属于数字信号。若输入的信号是模拟信号，则在数字系统（如计算机系统）的编码环节需要对输入的信号进行数字化，称为"模/数"变换，即将模拟信号转换为数字信号，以便在数字系统中继续加以处理。

将模拟信号转换成数字信号的电路，称为模/数转换器（简称 A/D 转换器或 ADC，Analog to Digital Converter）；将数字信号转换为模拟信号的电路，称为数/模转换器（简称 D/A 转换器）。A/D 转换器和 D/A 转换器是模拟系统与数字系统接口的关键部件，它们被广泛应用于雷达、通信、电子对抗、声纳、卫星、导弹、测控系统、地震、医疗、仪器仪表、图像和音频等领域，已成为计算机系统中不可缺少的接口电路。

模拟语音信号的频率为 300Hz～3.4kHz，要将模拟语音信号在数字传输系统中进行传输，就必须使其数字化。模拟语音信号数字化是进行数字化交换和传输的基础，其方法有很多，用得最多的是 PCM。PCM 是将模拟信号进行数字化的抽样技术，它可将模拟语音信号变换为数字信号。

在 PCM 系统中，发送端的模拟语音信号经声/电变换成模拟电信号，根据采样定理（采样过程所应遵循的规律，又称抽样定理、取样定理）对模拟电信号进行抽样，抽样之后进行幅度量化，最后进行二进制编码。经过抽样、量化和编码三个模/数变换（A/D 变换）过程，将模拟电信号转换成一连串的二进制 PCM 数字语音信号，进入传输线路进行传输，传输至接收端后，PCM 数字语音信号经过模/数变换（D/A 变换）还原为模拟信号，再由低通滤波器恢复出原始的模拟语音信号，即可完成语音信号的数字化传输，具体过程如图 1-8 所示。

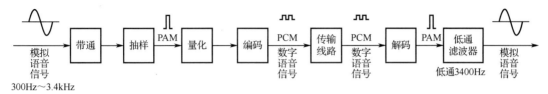

图 1-8 语音信号数字化传输过程

在语音信号的传输过程中，语音信号的波形也会相应变化，PCM 过程包括抽样、量化、编码、解码，各阶段的语音信号波形根据对数据的处理而发生变化，其示意图如图 1-9 所示。

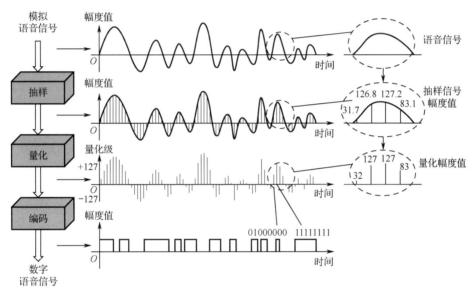

图 1-9 PCM 过程中各阶段语音信号波形示意图

对 PCM 过程的详解如下。

（1）抽样。

抽样又称采样，是指在时间轴上等距离地在各采样点取出原始模拟信号的幅度值。1928 年，美国电信工程师 H.奈奎斯特（H. Nyquist）提出了采样定理。采样定理说明了采样频率与信号频谱之间的关系，是连续信号离散化的基本依据。采样定理为采样频率建立了一个足够的条件，该采样频率允许离散采样序列从有限带宽的连续时间信号中捕获所有信息。采样信号示意图如图 1-10 所示。

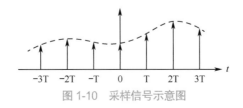

图 1-10 采样信号示意图

　　语音信号抽样依据的是奈奎斯特采样定理：在进行模/数转换过程中，当采样频率f_s大于或等于信号中最高频率f_{max}的 2 倍时，采样之后的数字信号会完整保留原始信号的全部信息。一般实际应用中应保证f_s为f_{max}的 2.56～4 倍。

　　由奈奎斯特采样定理可知，当满足采样定理条件时，在接收端只需经过一个低通滤波器就能够还原成原模拟信号，这一过程称为脉冲振幅调制（Pulse Amplitude Modulation，PAM），抽样后的信号称为脉冲振幅调制信号。若从低通滤波器输出的语音信号的最高频率为 3.4kHz，按采样定理选取最高频率为f_{max}=4kHz，则采样频率$f_s \geq 2f_{max}$=8kHz，此时在接收端就能恢复为原来的信号，也就是该系统的抽样间隔为t_s=1/f_s=1/8000=125μs，即每隔 125μs 对语音信号抽样一次。语音信号在时间上是连续的，经过抽样后将变为时间上不连续、离散的 PAM 信号，然后进入量化阶段。

　　（2）量化。

　　抽样后得到的 PAM 信号的幅度仍为连续值，为了将这个连续值离散化，就要对它进行量化。所谓量化，是指把经过抽样得到的瞬时值的幅度离散，即用一组规定的电平值将瞬时抽样值用最接近的电平值来表示，从而实现用有限个数字来表示一个无限多取值的信号。典型的量化过程是将 PAM 信号的可能取值范围划分成若干级，对每个 PAM 信号按四舍五入的原则就近取某级的值。量化信号示意图如图 1-11 所示。

　　由于量化是一种近似取值的表示方法，因此接收端的信号在恢复时会产生一些失真。这些失真所造成的影响类似于混入的噪声，因此把由于量化而产生的噪声称为量化噪声，量化噪声的大小完全取决于所表示的值与准确值之间的差别，可以通过缩小量化级间隔来减小量化误差，但由此带来的问题是语音编码的位数会增加。量化后的信号，可进行数字化编码。

　　（3）编码。

　　PCM 过程中语音信号的编码是将时域波形变换为数字代码序列。编码通常是将量化后的脉冲值转换成 n 位二进制码组。

　　量化得到的数字信号的幅度对应于采样点的模拟信号的幅度，但每个数字信号必须进行编码以变成计算机可识别的二进制数。采用的编码方式不同，得到的二进制数也会不同。常用的编码方式有单极性二进制编码和 BCD 编码等。实际上，现有的 ADC 芯片输出的数字信号一般是经过编码以后的二进制数，用户不必再考虑编码的问题。编码信号示意图如图 1-12 所示。

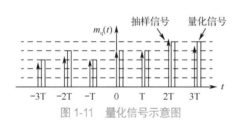

图 1-11　量化信号示意图

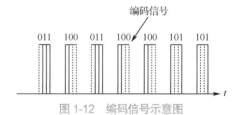

图 1-12　编码信号示意图

　　经过编码的信号就是 PCM 信号。PCM 信号是计算机语言的数字信号，可以进行数字化传输和应用，但是要还原为初始的模拟信号，还需要进行解码。

　　（4）解码。

　　解码是用特定的方法将数字语音信号还原成它所代表的原始模拟语音信号（信息、数据等）的过程。解码是编码的反变换，在接收端将收到的 PCM 码组还原为 PAM 信号，这个过程又称数/模变换。

在 PCM 解码中，首先将输入的串行 PCM 码变成并行 PCM 码，然后变成 PAM 码，最后经过低通滤波器平滑地恢复为与发送端一样的信号。

1.2.3　数字语音存储与回放系统

数字语音存储与回放系统，是在语音信号处理技术快速发展的基础上，利用数字语音电路来实现语音信号的数据存储、还原等任务。其基本原理是对语音录音与放音进行数字化控制。首先将模拟语音信号通过模/数转换器转换成数字信号，再通过微处理器芯片存储在存储器中；为了节约存储空间，采用非失真压缩算法对语音信号进行压缩，压缩以后再进行存储处理；当进行语音播放时，首先进行解压处理，然后通过数/模转换器转换成模拟信号，被放大后在扬声器或耳机上输出语音。同时还可以利用数字滤波来抑制杂音和干扰，以保证语音播放的质量。

数字语音存储与回放系统实现对语音信号的存储任务是通过数字语音电路来解决的。这是以数字电路为基础、微处理器芯片为核心，含有语音控制、播放灵活、简单实用且磨损小等特点的存储系统，使用的是集数字语音电路原理于一体的综合的语音合成技术。大规模集成电路技术和微控制器技术，可以很容易地实现声音控制，在一些公共设施、智能仪器等电子产品领域的应用都非常广泛。该系统目前有多种方案可以实现，一种是使用集成的语音存储和回放的芯片，如 ISDI420 芯片；另一种以微控制器为核心，借助模/数转换器、数/模转换器和大容量存储器来实现。

任务实施

本任务主要基于现成的声音录制和加工软件对语音信号的数字化过程进行形象化的了解。在声音加工的一般过程中，"选择加工工具"环节至关重要，由于 GoldWave 工具软件简单易学，本任务采用 GoldWave 来实现语音数字化，先分组录制一段语音，然后利用 GoldWave 来完成声音片段的截取和文件格式的转换。

工作流程

（1）环境安装。
（2）利用录音机程序进行声音的采集，并且掌握声音参数的设置。
（3）利用 GoldWave 对采集的声音进行简单处理。

语音数字化过程实践

操作步骤

1.　环境安装

（1）在计算机机房安装多媒体教学系统，需具有教师演示、学生演示、发放文件等功能；设置好教师机相应文件夹的共享读写功能。

（2）教师机安装：Windows 录音机程序或其他录音软件、GoldWave（中文版），需配置耳麦、音箱。

（3）学生机安装：Windows 录音机程序或其他录音软件、GoldWave（中文版），需配置适当数量的耳麦。

GoldWave 软件界面如图 1-13 所示。

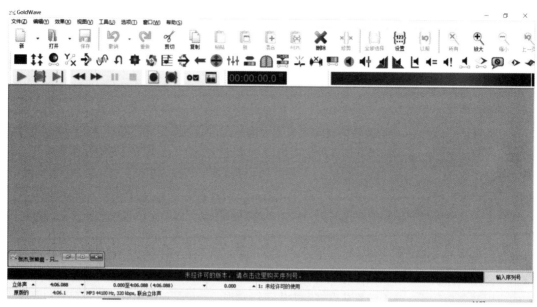

图 1-13　GoldWave 软件界面

2. 声音采集

使用 Windows 录音机程序 GoldWave 或其他录音软件进行声音的采集及保存。使用 GoldWave 录制声音的过程如图 1-14 所示。

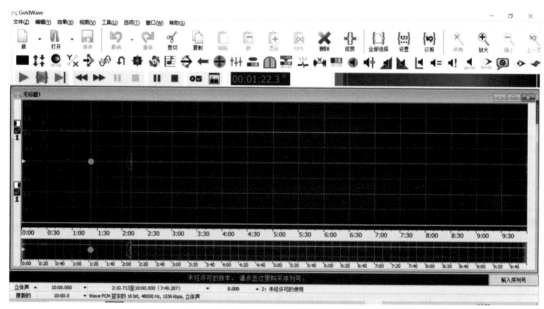

图 1-14　使用 GoldWave 录制声音

3. 对声音进行加工

对录制完的声音进行加工，如调整语速、截去无用的信息、增加效果和转换声音文件格式等。使用 GoldWave 加工声音的过程如图 1-15 所示。

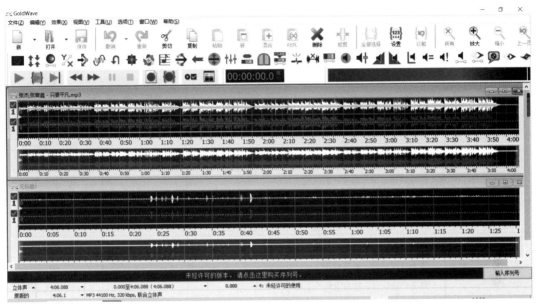

图 1-15　使用 GoldWave 加工声音

　　进一步运用 GoldWave 的效果功能对作品进行优化。使用 GoldWave 优化声音的过程如图 1-16 所示。

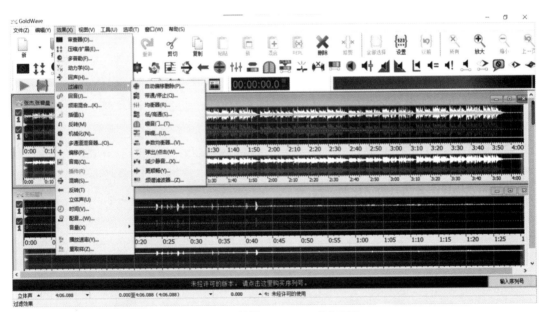

图 1-16　使用 GoldWave 优化声音

任务评价

　　本任务的评价表如表 1-2 所示。

表 1-2 任务评价表

任务评价表				
单元名称		任务名称		
班级		姓名		
评价维度	评价指标	评价主体		分值
		自我评价	教师评价	
知识目标达成度	了解数字语音的含义			10
	了解数字语音的产生			10
	理解 PCM 编码的过程			10
能力目标达成度	能设计语音信号数字化的流程			10
	能利用 GoldWave 采集声音			10
	能利用 GoldWave 加工声音			10
素质目标达成度	具备良好的工程实践素养			10
	善于发现问题、解决问题			10
	具备严谨认真、精益求精的工作态度			10
团队合作达成度	团队贡献度			5
	团队合作配合度			5
总达成度=自我评价×50%+教师评价×50%				100

习题

1. 语音有哪些属性？
2. 描述人类语音产生的过程。
3. 语音中蕴含了哪些信息？
4. 什么是数字语音？如何产生数字语音？
5. 简要描述语音信号数字化的过程。
6. 举例说明生活中会经常用到哪些数字语音。

单元2 智能语音相关技术

学习目标

- 掌握智能语音的主要应用和相关技术、语音语料库的建立与应用、语音数据标注的意义与方法。
- 培养学生基于智能语音技术设计智能系统的思维。
- 培养学生实现语音语料库建立与运维的技能。
- 培养学生利用 Praat 软件实现语音数据标注的技能。
- 培养学生的民族自豪感、专业自豪感，公平公正的职业态度和精益求精的工匠精神。

任务 2.1 了解智能语音技术的内涵及应用

任务情境

根据国际和国内行业发展的数据分析，智能家居领域是当前智能语音技术最有前景和市场规模巨大的应用场景。人们对家居环境的追求是舒适与温馨。随着科技的发展，家居中的电子设备越来越多，对电子设备的操控成为负担，如寻找和使用各类遥控器、复杂的按键操作等。为了减轻人们的负担，提高舒适性，采用智能控制的家居产品应运而生，即通过统一的入口，对家居环境中的各类设备进行控制。

海尔公司首创性地推出了空调智能语音遥控器，用户可以实现语音操控空调。海尔空调内置语音芯片，语音遥控器将用户发出的语音控制命令通过网络发出，经过云端语音识别、处理、解析关键词，以此进行空调的各种操作，包括温控、开关机、自清洁、进入省电模式、换气和除甲醛等，使用起来非常简便。

任务布置

了解智能语音技术的应用

语言理解

1. 理解智能语音控制的技术流程。
2. 理解智能语音的关键技术。
3. 掌握语音语料库建立与运维的相关技能。

知识准备

2.1.1 智能语音技术的相关概念

智能语音技术已成为新一代的人机交互界面，在智能安防、智能家居、智能穿戴设备和智能车载系统等众多场景都有应用。语音交互是既方便又高效的信息沟通方式，其方便性体现在语音交互是一种无接触的沟通方式，可以解放双手和眼睛；高效性体现在语音的信息传递效率远远领先于键盘输入（人平均每分钟可以说 150 个字，根据 Ratatype 的调查数据显示，键盘打字的平均速度为每分钟 41 个字）。因此，智能语音技术已成为新一代商用的人机交互技术。

（1）智能语音交互。

智能语音交互是指利用语音实现人与机器之间的交流与互动，由语音识别、自然语言处理和语音合成三种技术构成。其中，语音识别技术负责将语音信号转换为文字信号，其输入是语音，输出是文字；自然语言处理又称为语义理解，是将文本解析为结构化的、机器可读的语义信息，其输入是文本，输出是语义；语音合成技术负责将文字信号转换为语音信号，其输入是文本，输出是音频。

（2）智能语音产业。

智能语音产业是指利用智能语音交互技术，实现机器代替人工进行语音交互服务的产业。智能语音服务是指用户通过语音向智能终端设备发出命令，从而获得相应的服务。物联网产业的发展刺激了智能语音服务的市场应用，智能语音产业成为信息技术领域的新兴产业之一。国外主流的互联网公司（微软、谷歌、亚马逊、Meta）都在积极地布局智能语音市场。在智能家居应用领域，亚马逊的 Echo 系列音箱就能控制插座、灯泡、空调、电视等家电设备，GoogleHome智能音箱同样可以控制类似的系列智能硬件产品，为家庭自动化提供了一个良好的样本，在智能语音控制的功能上往前迈进了一大步。

国内的智能语音市场也呈现出快速发展的趋势。在智能家电领域，国内主流的家电厂商之间竞争非常激烈，TCL、海尔、海信、长虹等各大传统家电企业纷纷加大在智能家居领域的投入，推出各自的智能家电设备。我国语音产业联盟的成立，进一步推动了智能语音产业链的快速发展。

（3）语音识别技术。

语音识别，通俗来讲便是让机器能够理解人的讲话内容，其最终目的是实现人与计算机之间进行自然的语言通信。关于语音识别技术的研究有语音机器翻译、会议/广播语音识别、音频搜索等方向，通过语音识别技术，可以在工业、军事、医学、交通和旅游等领域实现人机交互。

语音识别过程可分为如下两个步骤。

第一步是模型的"训练/学习"阶段。该阶段主要使用语音学分析方法，将作为训练集的语音以参数形式表示，最终得到语音特征向量集，这些特征向量集就作为标准模式库，也就是所谓的"模板"。这一步骤主要用于构建语音识别的基本单元声学模型与句法分析的语言模型。

第二步是模型的"识别/测试"阶段。该阶段提取测试集中的语音特征参数，以一定的比较准则与标准模式库进行特征参数匹配，得出语音识别结果。

语音识别系统可以根据以下几种情况进行分类：根据发音方式的不同，可以分为孤立字/词语音识别系统、连接字/词语音识别系统、连续语音识别系统和关键词识别/检测系统等；根据不同的说话人进行识别，可以分为特定人语音识别系统和非特定人语音识别系统；根据识别词汇量的大小，可以分为小词汇量（100 个词以下）语音识别系统、中等词汇量（100～500 个词）语音识别系统、大词汇量（500 个词以上）语音识别系统。

（4）语义理解技术。

语音识别技术可以将人的语音转换成文本信息，计算机需要通过对文本信息进行进一步处理，才能理解语音中用户所表达的意图。语义理解最基本的技术是字符串匹配，例如在智能家居应用中，若解析到用户命令的文本内容为"小艺，请打开空调"，语义理解系统只要从该文本中匹配到谓语"打开"和宾语"空调"两个词语，就可以确定该执行什么任务了。

考虑到自然语言中表达同一种意思的方式有多种，单纯的字符匹配技术难以理解用户的意图，因此提出了词法分析、词义相似度计算和短文相似度计算等技术。

词法分析，用于解决文本结构化的问题。词法分析包括分词、词性标注和命名实体识别三个部分，通过分词来识别文本字符串中的基本词汇，并对这些词汇进行重组，标注组合后词汇的词性，进一步识别出命名实体。例如，文本"打开空调"的意图也可以用"把空调打开"来表达，词法分析技术要寻找文本字符串中是否含有"打开"，先检索返回的结构化信息中是否有动词，也就是寻找动词标注，再看这个词是否为"打开"，这将有效提高匹配效率。

词义相似度计算，用于解决用户可能用不同的词汇来表达同一个意图的问题。例如，"打开空调"也可以表达为"开启空调"，针对这种情况，开发者可以预先完善语料库，设定让系统可以识别多个同义或近义的字符串，通过计算两个词汇的相似度来判断用户的意图。

短文相似度计算，用于解决用户对同一个意图使用不同句式的问题，是在词义相似度计算的基础上开发出来的。例如，"请打开空调"可以用"房间太热了"来表达，通过计算短句的相似度，可以在一定程度上识别用户的意图。

（5）语音合成技术。

语音合成技术通常指文字到语音的转换。通俗地说，语音合成技术相当于给计算机装上了"嘴巴"，可以将任意的文字信息转换为流畅自然的语音。

近几年随着计算机的计算能力快速发展，语音合成技术已经非常成熟，音质、自然度和复杂度等指标都已经大幅提升，可以模拟不同的人声，被广泛地应用在不同的领域，如智能导航和智能前台等。目前语音合成的研究重点是提高合成音的表现力，如语气和情感传递等，进而实现个性化定制合成。

2.1.2　深度学习技术

深度学习的概念源于人工神经网络的研究，研究深度学习的动机在于建立模拟人脑进行分析学习的神经网络，模仿人脑的机制来解释数据，如图像、声音和文本等。

（1）深度学习在语音技术中的应用。

基于深度学习技术的智能语音应用已经随处可见，如百度的小度、微软的小冰、苹果的 Siri、亚马逊的 Alexa 等应答机器人。智能语音涵盖了语音识别、语义理解（自然语言处理）和语音合成等技术，下面将分别进行介绍。

① 在语音识别领域的应用。深度学习在语音识别上的应用主要体现在语音数据的特征提

取，从而获得更具信服力的数据，如移动电话、免提计算、家庭自动化、虚拟辅助及视频游戏等。

② 在自然语言处理中的应用。深度学习技术在信息抽取、命名实体识别（NER）、词性标注、文本分类、语义分析等领域的应用已经非常成熟。与传统的自然语言处理方法相比，使用深度学习技术的自然语言处理能够解决语言模型中的数据稀疏问题，且具有优化速度更快等诸多优势。

③ 在语音合成领域的应用。传统的语音合成技术一般采用隐马尔可夫模型来统计建模，主要分为参数合成和波形拼接两大类，在实现和设计上依赖于复杂的流水线和大量音频领域的专业知识，门槛较高，实现起来较为困难。基于深度学习的方法，极大地简化了传统语音合成方法的复杂流程，降低了合成难度，为语音合成的研究开辟了一条新的道路。

（2）深度学习的训练方法。

深度学习的训练方法包括无监督学习、监督学习、半监督学习及强化学习。

① 无监督学习使用没有任何标签标志的数据进行直接建模，最经典的算法是聚类算法。例如图像处理中的传统图像分割技术，利用像素灰度（或颜色）的差异，将图像中的像素分为目标区域和背景区域，如图 2-1 和图 2-2 所示。又如对不同形态或不同类型的事物进行分类时，不需要提前对事物进行标注就可以进行准确的分类，如猫和狗、不同专业的书籍等。

（a）原图像　　（b）阈值分割图像

图 2-1　彩色图像分割

（a）原图像　　（b）阈值分割图像

图 2-2　灰度图像分割

② 监督学习（Supervised Learning，SL）是指利用给定的训练数据去训练最优模型，然后通过这个模型将所有的输入映射为输出，从而达到分类的目的。在监督学习过程中，不仅需要提供事物的具体特征，还需要提供每个事物的名称，即训练数据要进行标注。

③ 半监督学习（Semi-Supervised Learning，SSL）是结合了大量未标记标签和少量标签数据的混合式深度学习网络。

④ 强化学习（Reinforcement Learning，RL）也是使用未标记的数据，通过不断地学习来获得不同条件下的最优解，利用奖惩函数来反映与正确答案的接近程度，而不是有监督地直接告诉标准答案。

2.1.3　神经网络技术

神经网络是由大量的神经元组合而成的，这些神经元能够像生物神经系统一样对外界的刺激做出相应的反应。在神经网络领域里常见的模型有深度神经网络、卷积神经网络、循环神经网络及长短期记忆神经网络。

① 深度神经网络（Deep Neural Networks，DNN），可以理解为包含很多隐藏层的深层次神

经网络。可以将其内部的神经网络层分为三层，即输入层、隐藏层和输出层，层与层之间是全连接的，也就是说，第 i 层的神经元与第 $i+1$ 层的神经元都是相互连接的。

② 卷积神经网络（Convolutional Neural Networks，CNN）结构中的所有上下层神经元不再需要进行相互连接，这种结构模式将大大减少参数的数量从而达到降低模型复杂度的目的，很好地解决了网络层数过多导致的过拟合问题。CNN 除了有能够使用逐层迭代、挖掘数据的特征，还具备学习及理解上下文信息的能力。

③ 循环神经网络（Recycle Neural Networks，RNN）具备对前文内容的记忆能力，即其不仅需要考虑当前输入的内容，还要考虑之前输入的内容。RNN 为了刻画一个序列当前的输出与之前信息的关系，允许信息的持久化和下一刻节点的计算。它保留了从开始到结束的所有计算结果，并利用当前时刻之前的信息来影响当前时刻的输出。

④ 长短期记忆神经网络（Long Short Term Memory，LSTM）是一种特殊的 RNN，它的诞生是为了解决传统 RNN 存在的长期依赖问题。LSTM 设计的网络结构模型是基于梯度学习算法的，很好地解决了 RNN 一直存在的长期依赖问题，能够很好地记忆出现时间较长的历史数据。

任务实施

设计基于语音控制的智能家居系统。

操作准备

语音控制是智能家居设备最自然、最便捷的控制方式之一。智能家居中的智能语音控制过程包括语音获取（通过房屋中的某个设备）、语音传输（通过无线网络）、语音识别与语义理解（通过云端）、控制设备完成操作（通过嵌入式系统）。语音控制的实现流程如图 2-3 所示，在此流程中包含了多种技术，包括语音获取、语音传输、语音识别、语义理解及面向智能家居的知识图谱和设备控制等。

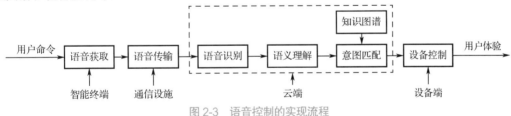

图 2-3　语音控制的实现流程

工作流程

（1）理解智能家居中语音控制系统的技术架构。

（2）以宿舍为应用场景，设计针对某一应用的智能家居系统。

（3）通过查阅资料，结合前面两节所学知识，设计智能家居系统的每个技术模块。

操作步骤

（1）针对宿舍的某一应用场景，设计智能控制系统，并参考图 2-3 画出技术路线图。注意技术手段应尽量具体，如语音传输采用的协议（蓝牙、Wi-Fi 或其他）、具体设备的名称等。

（2）了解智能家居系统中常用的语音获取设备，设计适合宿舍的语音获取模块。

（3）了解智能家居系统中语音传输的实现方式，设计适合宿舍的语音传输模式。

（4）根据前面所学知识，描述智能家居系统中采用的语音识别和语义理解的基本技术，并说明如何准备文本语料库。

（5）了解嵌入式控制器的使用，描述智能家居语音控制系统的控制部分是如何实现的。

任务评价

本任务的评价表如表 2-1 所示。

表 2-1　任务评价表

任务评价表				
单元名称		任务名称		
班级		姓名		
评价维度	评价指标	评价主体		分值
		自我评价	教师评价	
知识目标达成度	智能语音技术的内涵			10
	常用语音技术的含义			10
	深度学习技术、神经网络技术、智能语音技术之间的关系			10
能力目标达成度	能设计语音控制系统的技术框架			10
	能正确调用语音技术模块来解决实际问题			10
	能完成针对某一应用的智能家居系统的整体方案			10
素质目标达成度	具备良好的工程实践素养			10
	善于发现问题、解决问题			10
	具备严谨认真、精益求精的工作态度			10
团队合作达成度	团队贡献度			5
	团队合作配合度			5
总达成度=自我评价×50%+教师评价×50%				100

任务 2.2　了解语音语料库

任务情境

语音语料库构建的关键在于应用，目的是支持本领域信息的处理。用于语音识别的语音库和用于语音合成等的语音库是不同的。

任务布置

1. 了解语音语料库对于智能语音系统的重要性。
2. 理解不同应用领域语音语料库建立的差异。
3. 了解语音语料库的建立与运维。

知识准备

2.2.1　语音语料库的应用

语音语料库，也称语音库，是指存储在计算机存储器中的原始数据或经过处理后带有标注信息的语料文本。语料库研究涉及原始数据的采集、存储、加工和统计分析，目的是凭借大规模数据库提供客观全面的数据，支持语音处理系统的开发。

语音语料库在语音识别与合成、语音分析等言语科学研究及技术应用中，是一种有效且不可或缺的研究手段，具有不可替代的作用。构建一个语音语料库的框架首先要考虑它的使用目的。在基于语料库的语音合成或识别系统中，语音语料库扮演着重要的角色，直接影响到语音合成与识别的质量与效率。

（1）语音合成中的语料库。

基于语料库的语音合成技术已成为当前的主流。语料库相当于合成单元的"仓库"，为各种合成模型提供必要的数据支持。专为语音合成而构建的语料库，旨在实现文本到语音的转换，在设计这类语料库的文本时，应该从语言学、语音学的角度出发，着重展现语音数据中基频、语音单元的长度、话音的停顿、能量等韵律信息，以便构建出合适的语音韵律模型。

（2）语音识别中的语料库。

在语音识别领域中，语音模型及语言模型的训练，其中关键的一步是选择适合的语料库并对其进行训练。用于语音识别的语料库是为声学层提供训练数据的，对语料的要求是尽可能地覆盖所有的语音语言现象，且数据不能太稀疏；同时又要从语音学、声学的角度出发，全面反映出语音的声学特征，为建立语音模型提供完备的数据。

（3）情感语音语料库。

情感语音语料库是研究语音情感信息的基础，能够为情感语音的分析和建模提供大量的分析、训练和测试用语料数据。对语音情感相关特征的探讨、进行语音情感识别和合成的研究都必须以高质量的语音语料库为基础展开。真实可靠的情感数据对情感建模具有重要意义，被研究学者普遍认可的理想情感语音语料库的建立原则主要有以下四条。

① 真实性：数据库中的样本必须是人们所经历过的真实的情感体验。

② 交互性：为了更接近人机语音情感交互的研究目的，数据库中的情感素材必须是人与人在交互过程中产生的。

③ 连续性：情感素材必须是在连续的情感场景中产生的，存在着多种情感状态的转移。

④ 丰富性：数据库中的情感素材必须包含多媒体信息，如声音、表情等。

满足以上原则的大量情感语音数据的采集是一项很困难的工作，因为带有情感的语音数据不能像正常情况下的语音数据那样可以随时获得，很难满足在研究过程中对于说话人、文本和情感类别等的要求，所以目前语音情感信息研究领域的情感语音库只是尽量地满足而不是恪守以上原则。

（4）数据库管理系统。

为了实现语音语料库的建立与运维，需要设计数据库管理系统，将整个系统合理地划分为各个功能模块。通常采用 C/S 系统架构，包括四个功能模块：用户管理模块、录音模块、数据库运维模块和语料下载模块。

用户管理模块完成两方面的功能，一是登记注册和维护用户的个人信息，二是确保注册后的用户和管理员以合法的身份登录，获取自己的相应权限；录音模块完成录音设备初始化，提示用户选择相应的文本开始录音，并存储文件至服务器；数据库运维模块实现对用户、语料文本、语音文件和标注文件等的管理；语料下载模块为用户提供接口，可以选择满足条件的数据进行下载。

2.2.2 情感语音语料库

（1）情感的描述。

要建立情感语音语料库，首先必须确立情感的类别，以及分类方法。人类的情感是一种极其复杂的现象，要对其进行准确的定义、精确的分类并不容易。情感分类问题的研究是有趣而复杂的，已有许多学者就该问题进行了深入的探讨，尽管目前还没有达成统一，但是主要观点间是相互融合和交叉的，这也正表现了情感本身的多样性和复杂性。在心理学中，情感测量理论有两种观点，维度型和范畴型，而目前在语音情感信息处理领域最活跃的情感理论模型是与之对应的两种模型：空间情感模型和离散情感模型。

空间情感模型在连续的空间中描述情感，对应于维度型。该模型认为情感具有基本纬度，这些维度组成的空间包括人类所有的情感，任何一种情感都可以在此纬度空间中找到其特定的位置，不同情感间的相似性和差异性可依据彼此在维度空间中的距离来表示，情感间的转变是逐渐的、平滑的。不同研究者所采用的维度也是不同的，其中最广为接受的纬度模式是 Activation-Evaluation 情感二维空间，如图 2-4 所示。激活度（Activation）（图 2-4 中纵坐标）指与情感状态相联系的机体能量激活程度；评估度（Evaluation）（图 2-4 中横坐标）指正负情感的分离激活，反映了对某一事物正面的或负面的评价，如舒适的或不舒适的，赞同的或不赞同的。

图 2-4 Activation-Evaluation 情感二维空间

在大多数的研究方法中，经常采用日常语言标签来标志和分类情感，这样就将情感分类描述为离散情感模型。在离散情感模型中，每种情感都是一个离散的实体。根据情感的纯度和原始度，可以将其分为两大类：基本情感和派生情感。对于基本情感的界定存在很多不同的看法，但是有四种基本情感得到了最普遍的认可，分别是恐惧、愤怒、悲伤和高兴，其次被认可的是厌恶和惊奇。我国传统上涉及的基本情感类型可以归纳为七类：好（爱、敬）、恶、喜（乐）、怒、哀、惧、欲。汉语情感语音语料库中使用较多的是离散情感模型，选择的情感主要为惊奇、害怕、高兴、悲伤、厌恶和生气六种。

（2）情感语音语料库的设计规范。

对语音语料库的研究首先要规定语音语料库的规范，这样才能保证以后的语音语料的质量。一般从说话人规范、数据采集规范、数据存储规范、语料筛选规范、语料标注规范、法律声明等方面进行规范。

语音中混合了说话内容、说话人个体特征和情感状态等信息。其中，与情感状态相关联的语音信号特征，如语音中的某些韵律特征，往往也受到说话人个体特征和说话内容的双重影响。随着这些干扰因素的增多，研究语音中的情感信息的难度也随之加大。因此，对语音情感信息的研究起初是从限制说话人、说话内容开始的，逐步扩展到与说话人、说话内容无关的领域。依据这一思路，情感语音语料库通过不断丰富不同说话人、说话内容（文本信息）的样本，来建立并完善自身，并且，在建立过程中，需要对说话人、说话内容和情感状态进行定制。例如，BHU 情感语音语料库的定制要求如下。

说话人：年龄在 20～30 岁之间，文化程度在本科以上，男女不限。

情感：愤怒、高兴、悲伤、厌恶、惊奇、恐惧。

说话内容：20 句没有情感状态倾向的中性语句，长度在 3～12 字之间，具体录音文本的语句如表 2-2 所示。

表 2-2　录音文本的语句

语句编号	语句内容
1	啊，你可真伟大呀
2	快点干
3	这下完了
4	啊，下雨了
5	太棒了
6	我真的以为你是这个意思
7	我在论文上看到你的名字了
8	AC 米兰赢球了
9	我这次考试刚刚通过
10	今天是星期天
11	你这人
12	电话铃响了
13	他就快来了
14	路上人真多啊
15	明天我要搬家了
16	这件事是他干的
17	你这段时间变瘦了
18	过两天学校就要开学了
19	昨天晚上我做了一个梦
20	有一辆车向我们开过来了

（3）情感状态激发。

情感语音数据按照自然度的高低分为自然型、引导型和表演型。自然型情感语音是说话人表达真实情感的自然语音，要求在说话人没有察觉被录音的理想情况下获得，这样获得的样本是完全放松和自然的情感语音。考虑达到理想状态的难度，录制工作是极其耗时耗工的，且容易涉及法律和版权的问题。

现有语音情感研究绝大部分不是自然型的，而是引导型或表演型的，即情感语音采用让说话人模仿不同的情感朗读指定的句子来获得。二者的区别在于：前者是通过设置好的场景让说话人在语音表达之前达到与期望一致的情感状态；后者不设置场景，由说话人凭着自己的经验来表达情感语句。由于情感的产生不可避免地受到说话人经历、经验的影响，所以所采集到的语音很难区分是引导型的，还是表演型的。

2.2.3　语音语料库建立的规范

（1）语音录制规范。

在录音过程中，保证测试环境的绝对安静。测试时被试者不能随便移动，周围不能发出声响。情感语音数据录制实验的干扰因素很多，在录制实验进行之前对可能遇到的干扰要尽量避免，不能消除的也要作为实验数据进行保存。为建立高质量的情感语音语料库，对录制工作制定了以下规范。

① 天气：天气会对人的心情产生影响，容易影响说话人的情感状态。可以选择在温度和湿度分别在 26℃和 50%左右的室内环境中进行录制实验，保证天气条件的连续性，并记录温湿度数据，为日后的研究提供参考。

② 录音环境：录音实验在一个安静的房间进行，避免干扰。

③ 录音设备：录音设备可以采用配备声卡的笔记本电脑。实验表明，放置式录音设备不利于说话人情感状态的自然表达，因此正式实验采用的均为头戴式麦克风。

④ 录音软件：可采用 GoldWave 来完成录音工作，此外，它还可用于音频文件的剪辑。

⑤ 录音格式：采样率为 11025Hz，双声道、16bit 量化，格式为 PCM。

（2）语音语料数据的管理。

随着语音数据的丰富，标准化的管理是必须的。服务于语音信息研究的数据，不仅仅是语音数据本身，说话人信息、文本信息都将为研究的逐步深入提供资料。为此，需要制定语音语料数据管理规范，按照规范保存相关信息，以保证能为研究的深入和扩展提供真实可靠的资料。语音语料数据的管理规范及具体内容说明如表 2-3 所示。

表 2-3　语音语料数据的管理规范及具体内容说明

管 理 规 范	具体内容说明
说话人	描述说话人的具体信息，如年龄、性别、教育背景、籍贯、联系方式等
语料设计	描述语料的选择与设计内容，如录音文本的选择、发音方式的选择等
录音设备	描述录音软硬件设备，包括录音设备、录音声学环境等技术指标、录音软件
语音格式	包括采样率、语音文件存储格式等
音频文件命名信息	包括情感类别、说话人性别、录音的语言类别、录音的文本等
录音环境	实验环境的记录，如地点、时间、温度、湿度等

为了满足数据管理的需求，模块应具有评测人信息管理、语音数据管理、语音评测数据管理和在线听评语音数据四部分，以便高效地收集情感语音的评测信息。

任务实施

建立情感语音语料库。

工作流程

针对不同的应用需求，语音语料库的设计有很大的差异。本节以情感识别应用为目标，来设计和制作语音语料库，具体完成的过程如下：
（1）需求调研与确定语音语料库建立的整体思路。
（2）设计语音语料库文本。
（3）准备录音环境。
（4）语音录制。
（5）语音评价与存储。

操作步骤

（1）语音录制。
首先向用户展示录音文本供用户选择；其次是初始化本机的录音设备，并开始录音；最后将用户信息、录音文件、文本信息作为参数传递回服务器并保存。

录制语音时，要求被试者用特定的语句（20 句不带有情感倾向的语句）来表达特定的情感状态（6 种基本情感和无情感倾向的中性状态）。情感状态的产生可以通过设置场景来诱发，也可以借助自己的经验来表演。

被试者以尽量真实的情感表达出不同的区分度较高的情感状态，不需要过分夸张的成分，可以通过设置不同的场景来引导被试者达到与期望一致的情感状态，但并不是每个被试者都必须通过设置的场景来产生特定的情感，被试者也可以通过加入自己的经验来表达某一情感状态。

（2）语料有效性确认。
语音录制完成后，采用被试者自判断的形式来肯定样本，即每个样本录制后，均通过被试者听判实验，由被试者肯定样本表现了所要求的情感状态，才确认收集该样本。

（3）情感语音评价。
人类能够通过语音判断说话人的情感状态，即进行语音情感识别，但是，这种判断并不是可以完全信赖的。经过说话人本人判断肯定的情感样本，也不一定能被其他听音者准确判断出情感状态。研究表明，人类通过语音对陌生人进行情感状态判断的正确率只有 60%，情感状态的表达和判断都受到人本身情绪和经验的影响，这大大增加了情感语音数据评价的难度。目前，还没有一个统一的标准来评测实验用情感数据的真实性，通常都是采用主观评测的方法，即由录制情感数据以外的若干人通过听测实验进行情感真实度评测。为此要完成情感语音评价功能，就要通过大量听测实验来获得丰富的评测数据，以得到对情感语音数据的真实可靠评价结果。

任务评价

本任务的评价表如表 2-4 所示。

表 2-4　任务评价表

任务评价表					
单元名称			任务名称		
班级			姓名		
评价维度	评价指标	评价主体		分值	
		自我评价	教师评价		
知识目标达成度	语音语料库的概念与应用			10	
	语音语料库的建立与运维的一般方法			10	
	情感语音语料库的特点			10	
能力目标达成度	能够设计情感语音语料库建立的流程			10	
	能够保证语音语料库建立的规范			10	
	能够完成语音语料库的建立			10	
素质目标达成度	具备良好的工程实践素养			10	
	善于发现问题、解决问题			10	
	具备严谨认真、精益求精的工作态度			10	
团队合作达成度	团队贡献度			5	
	团队合作配合度			5	
总达成度=自我评价×50%+教师评价×50%				100	

任务 2.3　实现语音数据标注

任务情境

　　数据标注是大部分人工智能算法得以有效运行的关键环节。数据标注越准确、标注的数据量越大，算法的性能就越好。为推进语音识别相关应用高质量落地，数据服务商需要对语音数据的采集、清洗、信息抽取、标注、质检、管理等环节进行更加精细的把控，以提供更高质量的语音语料库，从而提升语音算法模型的训练效果。

实现语音数据标注　　　有效语音数据甄别

任务布置

1. 了解语音数据标注在智能语音技术中的重要意义。
2. 了解语音数据标注的方法与分类。
3. 熟悉利用相关工具实现语音数据标注的流程。

知识准备

2.3.1　语音数据标注的基础知识

（1）语音数据标注的意义。

完整的语音语料库，不仅要有原始语音数据、对应的发音文本，而且要有对应的标注文件。要提高语音语料库的利用价值，关键是对语音语料库进行完整的标注，既要包含反映语音学现象的适量的录音数据、转写文本，还要包括完备、准确的标注信息，才能充分有效地发挥语音语料库的效能。

标注是对语音、图片、文本、视频等原始数据进行加工处理，并转换为机器可识别的信息的过程。语音数据标注的主要工作内容是将语音中包含的文字信息和各种声音提取出来，进行转写或合成，标注后的数据主要用于机器学习。语音数据标注主要是根据用户或企业的需求，对语音数据进行不同方式的标注，从而为不同场景的智能系统提供训练数据。

（2）语音数据标注的分类。

按照标注方式的不同，语音数据标注分为人工标注和机器标注两类。人工标注是指雇用经过培训的标注员进行标注，其特点是标注质量高，但标注成本高、时间长、效率低；机器标注的标注者通常是智能算法，其特点是标注速度快、成本相对较低，但是算法对涉及高层语义的对象的识别和提取效果不好。

按照应用领域不同，语音数据标注分为针对语音识别的标注、针对语音合成的标注、针对说话人识别的标注和针对情感识别的标注。针对语音识别的标注是通过算法模型来识别转录后的文本内容，并与对应的音频进行逻辑关联，常用方法是语音转写[①]；针对语音合成的标注，首先需将文本内容按句断开，然后对每一句中的具有独立意义的词进行分隔，分隔出来的独立词再按音节进行划分，进行音节划分时一定要注意重读音节的位置，最后针对每一个音节进行音素切割，判断每个音节内所包含的音素；针对说话人识别的标注除了标注声学特征，还要为每条语音增加说话人标签；针对情感识别的标注除了标注基本的汉字转换和音节等信息，还要标注与清音、静音、浊音、情感、副语言信息和重音等相关的信息。

（3）语音数据标注的规范。

传统手工数据标注中的用户角色可以分为标注员、审核员和管理员三类，各个角色之间相互制约，各司其职。标注员通常由经过一定专业培训的人员来担任，负责标注数据；审核员往往由经验丰富的标注人员或权威专家来担任，负责审核已标注的数据，完成数据校对和数据统计，适时修改错误并补充遗漏的标注；管理员负责管理相关人员，发放和回收标注任务。

在进行语音数据标注时，语音数据发音的时间轴与标注区域的音标必须同步，标注与发音时间轴的误差要控制在一个语音帧以内。如果误差超过一个语音帧，则很容易标注到下一个发音，从而产生更多的噪声数据。

---

① - 语音转录：通常更侧重于将语音内容准确地记录下来，形成文字形式，重点在于忠实地还原说话人的话语，不做过多的修饰和调整。

　- 语音转写：除了将语音转换为文字，可能还会涉及对一些特定术语、口音、不标准发音等进行适当的调整和规范，使其更符合标准的书面表达。

2.3.2 音段标注和韵律标注

语音语料库的标注过程是一个语言知识形式化的过程，如图 2-5 所示。语音库的标注质量及标注深度直接影响从语音语料库中发掘信息的准确性、丰富性，很大程度上决定了语音语料库的可利用性和价值，完整的标注系统包括音段标注和韵律标注。

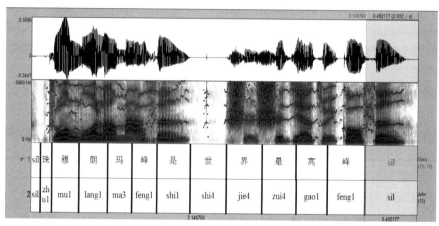

图 2-5　语音语料库的标注示例

（1）音段标注。音段标注就是把连续语音流中的每个语音单元（句子、词、字、音节、声韵母、音子①）进行分割，并且描述它们的音色特征。在流利顺畅的连续语音流中，音段将会表现出与孤立字、词存在很大差别的声学表现。在语音的语速、语境和韵律等相关因素的共同影响下，它们会呈现出十分复杂的结合和变异，在这个过程中可能出现各种音段音变现象，如减音、增音、音素替换等多种不同的表现形式。连续语音流固有的多变性和复杂性给音段标注工作增加了不小的难度。良好的标注需要高水平的音段标注，这不仅需要对语音正则化后的读音的标注，同时要标注出在实际应用对话中可能表现出来的语音现象和形式方法，在此过程中特别需要对音段音变进行细致、准确的描述。

（2）韵律标注。韵律是文本对应的声音的发音节奏和规律，同一句话，不同的韵律结构对应着不同的发音，表达着不同的含义。从文本上来说，韵律是（韵律）词和短语的边界；从语音上来说，一般认为韵律有三个特征，时长、音高和音强。在语音合成中，为了让合成的语音更符合人们的预期，常常需要韵律的支持，也就是需要一些时长、音高和音强的控制能力，使文本表义更明确。

2.3.3 语音数据标注的工具

（1）商业的语音数据标注平台。

商用的数据标注工具一般是由众包标注平台来提供的，如国外的亚马逊 Mechanical Turk、

---

① - 音子：也称为音位变体，是同一个音素在不同语音环境中的具体表现形式。例如，在不同的语境中，英语中的清辅音/p/的发音可能略有不同，这些不同的发音表现就是/p/这个音素的音子。

　- 音素：是根据语音的自然属性划分出来的最小语音单位。它是从音质角度划分出来的，一个发音动作形成一个音素。例如，汉语拼音中的"b""p""m"等都是不同的音素。

Figure-eight、CrowdFlower、Mighty AI 等初创型标注平台，国内的数据堂、百度众测、阿里众包、京东微工等互联网公司，大数据公司和人工智能公司推出的数据标注众包平台和商用标注工具，这些商业的数据标注平台基本上都能对图片、视频、文本和语音等数据进行标注，但各自的业务方向也有一定侧重。

京东众智是京东金融发布的国内首个聚焦人工智能领域的数据众包平台，可以提供高标准、高质量的数据清洗及数据标注服务，也可以根据业务需求定制标注工具，涵盖图片、语音、文本、视频等多种数据类型的标注。该平台提供了贴合标注人员和采集人员习惯的标注模板工具，上手简单，还会根据不同的数据需求，量身定做不同的模板，以完成精准的数据标注。该平台推出"pre-A.I."解决方案，一边进行人工标注工作，一边让机器通过机器学习标注行为，提高标注效率和准确率；还开发了类似"黑匣子"的"众智星"工具，能将数据标注工作与数据分离，保障数据安全。

整数智能的数据标注平台为人工智能领域的企业及科研院所提供一站式的数据服务，包含数据采集、数据标注、数据标注管理平台部署（本地部署/混合云部署/SaaS）等。在 AIPower 加持下的智能标注与智能审核，大幅提升了数据标注效率。

倍赛（BasicFinder）旗下的数据标注工具通过配置选择可实现图像、文本、音频、视频、点云等全类型数据的标注，支持 18 款数据标注工具组件拓展，以应对复杂多样的标注需求，支持用户根据标注需求在模板编辑界面通过拖曳方式自定义标注工具、标签、表单、文本框等。

如图 2-6 所示为博训智能标注训练平台首页，这是针对语音数据的标注平台，可以建立基于具体行业的标注任务，能够进行多意图语义理解标注、单意图语义理解标注、地址语音转写标注、文稿标注（分角色）、常规语音转写标注、文稿标注、教学标注等多种类别的标注，对各任务的状态可以进行查询与管理。

图 2-6 博训智能标注训练平台首页

单击某个任务右侧对应的"标注"按钮，可进入该任务的标注页面，如图 2-7 所示。标注页面上方是正在标注的语音音频的波形图，可以播放音频，音频下方显示该任务的标注进度，以及该任务下所有音频数据的分类。右侧是标注任务列表，在该页面进行语音转写标注。如果数据损坏，标为坏数据，并标明原因；如果是常规语音数据，则进行语音转写，标注平台会提供机器转写结果，人工只需进行校正，工作量相对于传统语音数据标注工具会大大减少。

图 2-7　博训智能标注训练平台标注页面

（2）开源的语音数据标注工具。

常用的开源语音数据标注工具有 Praat、精灵标注助手和 VGG（Visual Geometry Group）的多功能标注工具 VIA 等。Praat 是一款常见的语音数据标注工具，全名是 Praat：doing phonetics by computer，是一款跨平台的多功能语音学专业软件，能够对语音信号进行分析、标注、处理及合成等实验，同时生成各种语图和文字报表，具体可以完成以下功能。

① 语音实验：噪声分析、多重强迫选择实验、滤波、声源滤波合成、发音合成等。

② 辅助教学：前馈神经网、优选论学习等。

③ 统计分析：主成分分析、多维量表、判别分析等。

Praat 软件由核心与外围两层构成。核心层负责语音信号处理任务的程序，包括所有的对象类型（Types of Object）、动作命令（Action Commands）和相应的编辑器（Editors）。外围主要包括对象窗口（Praat Objects）、画板窗口（Praat Picture）、脚本编辑器（Script Editor）、按钮编辑器（Button Editor）、数据编辑器（Data Editor）、情报窗口（Info Window）和手册（Manual）等辅助性组件。

Praat 软件每次启动时，自动打开对象窗口和画板窗口。对象窗口也是软件的主控窗口，在会话进程中始终打开，大部分功能也需要由此展开。脚本（Script）是在软件中执行各种操作的宏命令，能够简化日常操作，减少出错，并可实现大量复杂操作的自动化。

（3）标注平台的功能。

无论是开源的语音数据标注工具还是商用的语音数据标注平台，它们至少要提供以下功能。

① 进度条：用于指示数据标注的进度，一方面方便标注员查看进度，另一方面也利于统计。

② 标注主体（需要标注的对象）：可以根据标注形式进行设计，一般可以分为单个标注（指对某一个对象进行标注）和多个标注（对多个对象进行标注）的形式。

③ 数据导入、导出功能。

④ 收藏功能：针对模棱两可的数据，可以减少工作量并提高工作效率。

⑤ 质检机制：通过随机分发部分已标注过的数据来检测标注员的可靠性。

任务实施

实现基于 Praat 的语音数据标注。

操作准备

熟悉 Praat 软件的使用。

语音标注

工作流程

首先，下载 Praat 软件，熟悉软件界面；其次，在 Praat 中录音或读取音频文件；再次，利用软件工具进行语音分析，显示三维语图、频谱切片、音高曲线、共振峰曲线、音强曲线等，并将相应的对象数据保存为磁盘文件；最后，利用软件实现语音数据标注，并保存标注文件。

操作步骤

（1）打开语音文件。

在 Praat Objects 窗口选择"Open"→"Read from file"
菜单命令，在弹出的对话框中找到对应的声音或者 Text
Grid 文件，打开即可。如果录音较长，单击"Extractpart"
按钮，在弹出的对话框中输入起始时间（单位为秒），再
单击"OK"按钮即可。Praat Objects 窗口如图 2-8 所示。

（2）语图分析。

在 Praat Object 列表中选中要进行分析的录音片段，
单击右侧的"Analyse spectrum"选项，在弹出的下拉菜
单中选择"To spectrogram…"命令，在弹出的对话框中

图 2-8　Praat Objects 窗口

单击"OK"按钮提交程序后，会得到一个类型为 Spectrogram 的声音文件，单击右侧的"View
& Edit"按钮即可观察到语图，如图 2-9 所示。语图是一种三维图形，横坐标和纵坐标分别表示语音持续的时间和对应的频率，而第三维坐标一般为灰度图或彩色图，代表对应时刻语音的强度。在语图分析中，如果要重点分析不同时间下的频率，可以选择宽带语图；如果时间区域不明显，则可以选择分析窄带语图。前者常用于分析音色，后者常用于分析谐波和音高。

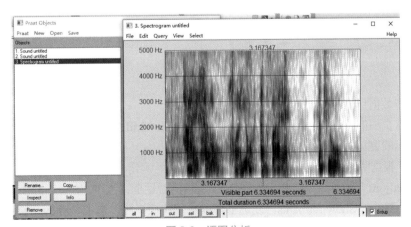

图 2-9　语图分析

在 Praat Picture 窗口中选定画图的区域，在 Praat Objects 窗口单击右侧的"Draw"选项，在弹出的下拉菜单中选择"Paint..."命令，在弹出的对话框中输入所要分析的录音片段的起始时间，即可得到宽带语图，其中，横坐标表示时间，纵坐标表示频率，能量的强弱用颜色的浓淡程度来表示，如图 2-10 所示。还可以在 Praat Picture 窗口中选择 Margins 菜单下的"Marks left every"和"Marks bottom every"命令为语图添加横纵坐标。

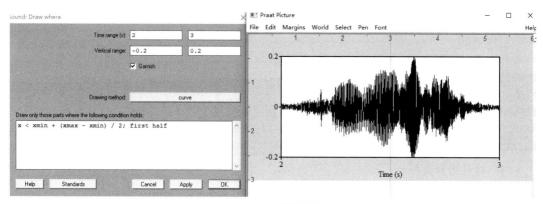

图 2-10　宽带语图

如果要得到特定时间点的频率和能量，可以进行二维频谱分析，这里针对上面生成的宽带语图来做片段分析。首先，在 Praat Objects 列表中选中类型为 Spectrogram 的对象，单击右侧的"Analyse"选项，在弹出的下拉菜单中选择"ToSpectrum（slice）"命令，在弹出的文本框中输入某一时间点，会得到一个类型为 Spectrum 的声音文件，如图 2-11 所示。

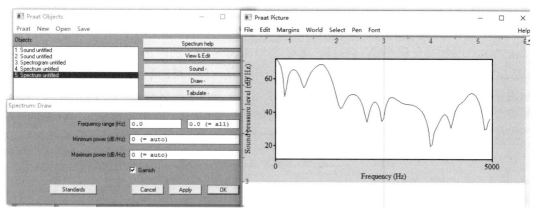

图 2-11　二维频谱分析

（3）语音数据标注。

创建一个空白的标注文件，同时选中语音文件和 TextGrid 文件，单击"View & Edit"按钮，就可以在弹出的窗口中进行标注了，如图 2-12 所示。

标注时，根据听辨时间边界，以及查看语图的信息，确定音素或音节的边界。单击"View"→"Show analyses"菜单命令，弹出如图 2-13 所示的对话框，选中"Show pitch"复选框可以显示基频线，选中"Show formants"复选框可以显示共振峰线，选中"Show intensity"复选框可以显示音强线。

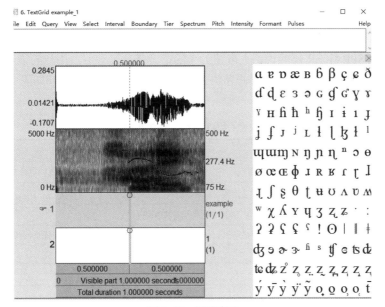

图 2-12 标注窗口

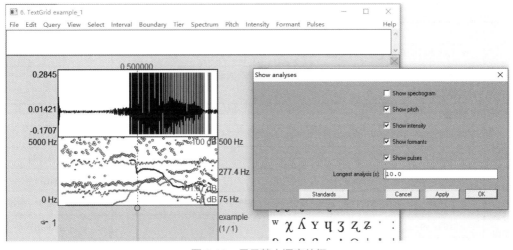

图 2-13 显示基本语音特征

GLOBAL 层主要标注语音文件的一些全局信息，包括说话人的性别信息和语种信息（方言区），标注格式如下：

[speaker]:[空格]1[空格]性别,[空格]2[空格]性别;[空格][language]:[空格]1[空格]方言区,[空格]2[空格]方言区

例如：[speaker]: 1 male, 2 female; [language]: 1 普通话, 2 普通话

SPEAKER 层和 CONTENT 层的时间边界的数目是完全一致的，每一对时间边界都是完全相等的，也就是说不管单击哪一层的时间边界，另外一层一定是空心蓝色，而不是实心蓝色。添加时间边界的方法：将鼠标移动到语音波形的相应位置，这时会出现一条虚线及圆圈，分别单击 SPEAKER 层和 CONTENT 层对应的圆圈即可。

在整个语音文件中，SPEAKER 层需要标注的是说话人信息，"说话人"取值有以下两种：1、2，分别表示说话人 1、说话人 2（说话人 1、2 仅标注在文字段上，符号段不标注）。如果是客服类对话，则 SPEAKER 层的说话人取值为 1 的语音必须是客服，用户的语音取值为 2。

CONENT 层标注说话内容，包括正常语音（如表 2-5 所示）和噪声（如表 2-6 所示）两类。SPEAKER 层不标注内容。

表 2-5　CONENT 层的正常语音数据标注

内　　容	标 注 方 式
数字	简体中文，如 "27" → "二十七"、"我的电话是 2381832" → "我的电话是二三八幺八三二"
交叉语音	SPEAKER 层不标注内容，CONTENT 层标注 "+"
边界线导致的半个语音	单段的听不清标[*]；语音中听不清标[UNK]
英文内容	每个字母之间用空格隔开，例如，good 表示单词读音，g o o d 则表示字母读音；又如，我的编号是 f m s 幺三二
恩、阿等	统一用口字旁的
包含不进来的字	舍弃
每个时间段	5～6s

表 2-6　CONENT 层的噪声标注

噪 声 类 型		标 注 方 式
短暂噪声	听不清的一个字/英文单词	[UNK]
	两个或两个以上听不懂的字，如听不清的长句、方言、大段的英文句子、拿着话筒和其他人说话	[*]
	短暂的笑声	[LAUGH]
	说话人发出的干扰浊音，如咳嗽声、打喷嚏、清嗓子	[SONANT]
	系统播出的语音提示	[PROMPT]
持续噪声	明显的静音段（大于 500ms）	[SIL]
	垃圾声音，如连续的拍桌子声、连续的敲击声、持续的各种环境噪声（大于 500ms）	[ENS]
	连续的笑声	[LAUGH]
	持续的音乐声，包括唱歌声、哼唱、口哨声、彩铃声等	[MUSIC]
	录音及电信系统引起的噪声	[SYSTEM]

（4）保存文件。

在 Praat Objects 窗口中选择 "Save" → "Save as text file..." 菜单命令，在弹出的对话框中将标注文件保存为****.TextGrid 文件即可。

任务评价

本任务的评价表如表 2-7 所示。

表 2-7 任务评价表

任务评价表				
单元名称		任务名称		
班级		姓名		
评价维度	评价指标	评价主体		分值
		自我评价	教师评价	
知识目标达成度	理解语音数据标注的含义			10
	理解语音数据标注的规范			10
	掌握语音数据标注的方法			10
能力目标达成度	正确选择语音数据标注工具，设计标注流程			10
	掌握 Praat 的简单语音分析方法			10
	完成基于 Praat 的语音数据标注			10
素质目标达成度	具备良好的工程实践素养			10
	善于发现问题、解决问题			10
	具备严谨认真、精益求精的工作态度			10
团队合作达成度	团队贡献度			5
	团队合作配合度			5
总达成度=自我评价×50%+教师评价×50%				100

习题

1. 描述智能语音的内涵。
2. 如何理解智能语音产业？
3. 描述语音语料库对于智能语音技术的意义。
4. 描述语音语料库制作与管理的相关技术。
5. 语音数据标注的分类有哪些？
6. 说明语音数据标注的目的与常用工具。

单元3 语音识别技术应用

- 掌握语音识别技术应用开发的基本框架，理解其中关键技术。
- 培养学生利用人工智能开放平台开发语音识别产品的技能。
- 培养学生解决工程问题的能力。
- 培养学生的民族自豪感、专业自豪感，公平公正的职业态度和精益求精的工匠精神。

任务3.1 理解语音识别开发技术框架

任务情境

记得在上小学时，老师就经常教导我们"好记性不如烂笔头"，不同的是以前这句话主要用在学习上，现在同样可以用在职场上的各种会议上。不过这招儿用久了，我们会发现原来"烂笔头"其实也有局限性，那就是我们记录的速度跟不上老师或会议发言者的语速，时常记录完上句忘了下句，虽然记录的同时进行录音可以保证信息的完整性，但是会后听着录音重新梳理会议信息也是一项艰巨的任务。每当这时大家是不是都在想，能否有一种科技产品，能够自动把会议上的发言或课堂上的讲授内容转化成文字。录音笔、讯飞听见App等工具刚好解决了这个难题，它们应用语音识别技术，精准高效地将声音转化为文字，极大地提升了学习和工作的效率。

任务布置

1. 理解语音识别的一般过程。
2. 描述语音识别每个步骤的功能和具体目标。
3. 基于开放平台实现语音识别。

理解语音识别开发技术框架

我要听莫扎特的声音

知识准备

3.1.1 语音识别技术的内涵

1. 语音识别技术的概念

语音识别技术又称自动语音识别（Automatic Speech Recognition），是将声音转化成文字的一种技术，主要是将人类语音中的词汇内容转化成计算机可读的输入，一般都是可以理解的文本内容，也有可能是二进制编码或字符序列。相当于人类的听觉系统，该技术使得机器拥有听懂他人说话的内容并将其转化成可以辨识的内容的能力。

语音识别的研究涉及微机技术、人工智能、数字信号处理、模式识别、声学、语言学和认知科学等学科领域，是一个多学科综合性研究领域，是人机自然交互中的关键环节。

2. 语音识别技术的发展历程

从开始研究语音识别技术至今，其发展已经有半个多世纪的历史。

1952 年，贝尔研究所 Davis 等人研究成功了世界上第一个能识别 10 个英文数字发音的实验系统，以及能够理解口头数字的机器 Audrey。

1960 年，英国的 Denes 等人研究成功了第一个计算机语音识别系统。

大规模的语音识别研究是在进入 20 世纪 70 年代以后，在小词汇量、孤立词的识别方面取得了实质性的进展。从 1971 年到 1976 年，DARPA 投资了持续五年的语音识别研究，目的是做成一台至少能理解 1000 个单词的机器。该计划使卡内基梅隆大学创造了一台能够理解 1011 个单词的机器。

进入 20 世纪 80 年代以后，研究的重点逐渐转向大词汇量、非特定人连续语音识别。在研究思路上也发生了重大变化，即由传统的基于标准模板匹配的技术思路开始转向基于统计模型（HMM）的技术思路。此外，再次提出了将神经网络技术引入语音识别问题的技术思路。

进入 20 世纪 90 年代以后，在语音识别的系统框架方面并没有什么重大突破，但是，在语音识别技术的应用及产品化方面出现了很大的进展。

2010 年，机器学习算法和计算机性能的进步带来了更有效的训练深层神经网络（DNN）的方法，语音识别系统开始使用 DNN，更具体地说，是使用一种 DNN 的特殊变体，即循环神经网络（RNN）。此后，基于 RNN 的模型表现出比传统模型更好的精度和性能。2016 年的语音识别准确度达到了 90%，Google 在 2017 年 6 月声称已达到 95% 的准确率。

语音识别技术经过几十年的发展，在中英文发音标准程度、口语表达能力等识别任务上已经超越了人类口语识别专家水平，被普遍应用在中英文的口语识别和定级中。

3.1.2　语音识别的流程

语音识别的一般流程如图 3-1 所示。一个完整的基于统计的语音识别系统大致分为三部分：语音信号预处理与特征提取、声学模型与模式匹配、语言模型与语言处理。

图 3-1　语音识别的一般流程

（1）语音信号预处理与特征提取。

语音识别所输入的音频文件格式是未经压缩处理的文件，如人类正常的语音输入。由于实际场景中语音输入所面对的环境是复杂的，主要存在以下问题：一是对自然语言的识别和理解，要将连续的讲话分解为词、音素等单位，还要建立一个理解语义的规则；二是语音信息量大，语音模式不仅对不同的说话人不同，对同一说话人也是不同的，例如，一个说话人在随意说话和认真说话时的语音信息是不同的，同一个人的说话方式也会随着时间变化；三是语音的模糊性，说话人在讲话时，不同的词可能听起来是相似的，这在英语和汉语中常见；四是单个字母或词、字的语音特征受上下文的影响，以致改变了重音、音调、音量和发音速度等；五是环境噪声和干扰对语音识别有严重影响，致使识别率低。所以在收集到语音信号之后，要进行预处理操作。

语音信号的预处理一般有如下操作。

① 预加重。预加重是指对语音的高频部分进行加重。受口唇辐射的影响，功率谱随频率的增加而减小，语音的能量主要集中在低频部分，高频通常与低频相比具有较小的幅度，高频部分信噪比较低，预加重可以实现频谱平衡，通过提高高频部分，使信号的频谱变得平坦。

② 分帧。分帧是将语音信号截取成小段，每一段信号就叫作一帧。一般帧长取值为 10～50ms。

③ 加窗。加窗是将分帧的每一帧信号与窗函数进行相乘。由于分帧后每一帧的开始和结束都会出现间断，因此分割的帧越多，与原始信号的误差就越大，加窗就是为了解决这个问题，使成帧后的信号变得连续，并且每一帧都会表现出周期函数的特性。

语音信号常用的特征如下。

① 短时过零率，即一帧语音信号波形穿过横轴的次数。一般，高频语音过零率较高，低频语音过零率较低，故短时过零率是区分清音（多数能量集中在高频）和浊音（多数能量集中在低频）的有效参数。

② 短时平均幅度是语音信号能量大小的特征，由于其包络与原始信号包络十分相似，因此常被用于语音识别、语音活动检测（Voice Activity Detection，VAD）判断等领域。

③ 基因周期，发浊音时，声带振动语音信号在时域上有明显的周期性，声带振动频率称作基音频率，相应的周期称作基因周期，这一参数被广泛应用在语音识别、说话人确认、语音合成、男女性辨别等领域。

④ 共振峰频率，人体说话时声带振动产生准周期脉冲激励，当激励进入声道时，受声道模型的影响，会引起共振，产生一组共振频率，称作共振峰频率。目前，共振峰的常用检测方法有倒谱法、线性预测法。

⑤ 梅尔频率倒谱系数（MFCC），人耳听到的声音高低与频率不成正比关系，人耳对1000Hz以下的声音的感知能力与频率大致呈线性关系，对 1000Hz 以上的声音的感知能力与频率大致呈对数关系。MFCC 是基于人耳听觉特性提出来的，它与频率成非线性对应关系。梅尔频率域尺度被广泛用于情感识别、语音识别等领域。

（2）声学模型与模式匹配。

声学模型通常是将获取的语音特征使用训练算法进行训练后产生的，为每一个发音建立发音模板。在识别时将输入的语音特征同声学模型（模式）进行匹配与比较，得到最佳的识别结果，也可以理解为将经 MFCC 提取的所有帧的特征向量转化为有序的音素输出。

现有的声学模型一般分为两大类：混合声学模型和端到端的声学模型。

混合声学模型，包括混合高斯-隐马尔科夫模型（GMM-HMM）、深度神经网络-隐马尔科夫模型（DNN-HMM）、深度循环神经网络-隐马尔科夫模型（RNN-HMM）、深度卷积神经网络-隐马尔科夫模型（CNN-HMM）。

端到端的声学模型，包括连接时序分类-长短时记忆模型（CTC-LSTM）、注意力模型（Attention）。

（3）语言模型与语言处理。

语言模型包括由识别语音命令构成的语法网络或由统计方法构成的语言模型，语言处理可以进行语法、语义分析。

语言模型对中、大词汇量的语音识别系统特别重要。当分类发生错误时可以根据语言学模型、语法结构、语义学进行判断纠正，特别是一些同音字必须通过上下文结构才能确定词义。语言学理论包括语义结构、语法规则、语言的数学描述模型等有关方面。目前比较成功的语言模型通常是采用统计语法的语言模型与基于规则语法结构命令的语言模型。语法结构可以限定不同词之间的相互连接关系，减少了识别系统的搜索空间，这有助于提高系统的识别效率。

3.1.3　基于讯飞开放平台的语音识别流程及接口应用

本单元中的语音识别服务接口是讯飞开放平台上的语音识别服务下的语音听写。语音听写流式接口，用于 1min 内的即时语音转文字技术，支持实时返回识别结果，可以达到一边上传音频一边获得识别文本的效果。

1. 数据上传

该接口通过 Websocket API 的方式给开发者提供一个通用的接口。Websocket API 具备流式传输能力，适用于需要流式数据传输的 AI 服务场景，如边说话边识别。

2. 接口要求

集成语音识别 API 时，需满足规定要求，如表 3-1 所示。

表 3-1　集成语音识别 API 时的规定要求

内　容	说　明
请求协议	ws[s]（为提高安全性，强烈推荐 wss）
请求地址	请求地址可在集成语音识别 WebAPI 文档中查询 注：服务器 IP 地址不固定，为保证接口稳定，请勿通过指定 IP 地址的方式来调用接口，应使用域名方式调用
请求行	GET /v2/iat HTTP/1.1
接口鉴权	签名机制，详情请参照下方接口鉴权说明
字符编码	UTF-8
响应格式	统一采用 JSON 格式
开发语言	任意，只要可以向讯飞云服务发起 Websocket 请求即可
操作系统	任意
音频属性	采样率为 16kHz 或 8kHz、位长 16bit、单声道

内　容	说　明
音频格式	PCM speex（8kHz） speex-wb（16kHz） Mp3（仅中文普通话和英文支持，其他方言及小语种敬请期待） 样例音频可在服务接口说明的音频样例版块下载
音频长度	最长 60s
语言种类	中文、英文、小语种及中文方言，可在控制台—语音听写（流式版）—方言/语种处添加试用或购买

3. 接口调用流程

通过接口密钥基于 HMAC-SHA256 计算签名，向服务器端发送 Websocket 协议握手请求，详见下方接口鉴权说明。握手成功后，客户端和服务器端会建立 Websocket 连接，客户端通过 Websocket 连接可以同时上传和接收数据。当服务器端有识别结果时，会通过 Websocket 连接推送识别结果到客户端，接收到服务器端的结果全部返回标志后，客户端会断开 Websocket 连接。

使用 Websocket 的注意事项如下。

（1）服务器端支持的 Websocket-version 为 13，请确保客户端使用的框架支持该版本。

（2）服务器端返回的所有的帧类型均为 TextMessage，对应于原生 Websocket 的协议帧中 opcode=1，请确保客户端解析到的帧类型为该类型，如果不是，请尝试升级客户端框架版本，或者更换技术框架。

（3）如果出现分帧问题，即一个 JSON 数据包分多帧返回给了客户端，导致客户端解析 JSON 失败，大部分原因是客户端的框架对 Websocket 协议解析存在问题，请先尝试升级框架版本，或者更换技术框架。

（4）客户端会话结束后如果需要关闭连接，尽量保证传给服务器端的错误码为 Websocket 错误码 1000（如果客户端框架没有提供关闭时传错误码的接口，则无须关注本条）。

4. 配置白名单

在调用该业务接口时，若关闭 IP 白名单，接口就认为 IP 不限，不会校验 IP。若打开 IP 白名单，则服务器端会检查调用方 IP 是否在讯飞开放平台配置的 IP 白名单中，对于没有配置到白名单中的 IP 发来的请求，服务器端会拒绝服务。

（1）在控制台的相应服务的 IP 白名单处编辑，保存后 5min 左右生效。

（2）不同 APPID 的不同服务需要分别设置 IP 白名单。

（3）IP 白名单需设置为外网 IP，请勿设置为局域网 IP。

（4）如果握手阶段返回{"message":"Your IP address is not allowed"}，则表示由于 IP 白名单配置有误或还未生效，服务器端拒绝服务。

5. 接口鉴权说明

在握手阶段，请求方需要对请求进行签名，服务器端通过签名来校验请求的合法性。
通过在请求地址后面加上鉴权相关参数的方式。

示例 URL：wss://ws-api.xfyun.cn/v2/igr?authorization=aG1hYyB1c2VybmFtZT0iMTAwSU1FIiw
gYWxnb3JpdGhtPSJobWFjLXNoYTI1NiIsIGhlYWRlcnM9Imhvc3QgZGF0ZSByZXF1ZXN0LWx4
pbmUiLCBzaWduYXR1cmU9IlVSbnk4M3o1elJsNWF1ODllYXhUL1dGdGrtWejZVNkdkWDdDV
25SMGdueWc9Ig%3D%3D&date=Tue%2C+18+Dec+2018+09%3A08%3A49+UTC&host=10.1.87.
70%3A8000

鉴权参数如表 3-2 所示。

表 3-2　鉴权参数

参　数	类　型	必　传	说　明	示　例
host	string	是	请求主机	ws-api.xfyun.cn
date	string	是	当前时间戳，RFC1123 格式（Mon, 02 Jan 2006 15:04:05 GMT）	Fri, 18 Jan 2019 07:21:29 UTC
authorization	string	是	使用 Base64 编码的签名相关信息（签名基于 HMAC-SHA256 计算）	参考下方 authorization 参数生成规则

（1）date 参数生成规则如下。

date 必须是 UTC+0 或 GMT 时区，RFC1123 格式（Mon, 02 Jan 2006 15:04:05 GMT）。服务器端会对 date 进行时钟偏移检查，最大允许 300s 的偏差，超出偏差的请求都将被拒绝。

（2）authorization 参数生成规则如下。

① 获取接口密钥 APIKey 和 APISecret。在讯飞开放平台控制台，创建 WebAPI 平台应用并添加性别、年龄，识别服务后即可查看，均为 32 位字符串。

② 参数 authorization Base64 编码前（authorization_origin）的格式如下：

```
api_key="$api_key",algorithm="hmac-sha256",headers="host date request-line",
signature="$signature"
```

其中 api_key 是在控制台获取的 APIKey，algorithm 是加密算法（仅支持 HMAC-SHA256），headers 是参与签名的参数，signature 是使用加密算法对参与签名的参数签名后并使用 Base64 编码的字符串，详见下方。

③ signature 的原始字段（signature_origin）规则如下：

signature 原始字段由 host、date、request-line 三个参数按照格式拼接成，拼接的格式为（\n 为换行符，:后面有一个空格）：

```
host: $host\ndate: $date\n$request-line
```

④ 使用 HMAC-SHA256 算法结合 apiSecret 对 signature_origin 进行签名，获得签名后的摘要 signature_sha 的格式如下：

```
signature_sha=hmac-sha256(signature_origin,$apiSecret)
```

其中 apiSecret 是在控制台获取的 APISecret。

⑤ 使用 Base64 编码对 signature_sha 进行编码获得最终的 signature：

```
signature=base64(signature_sha)
```

⑥ 根据以上信息拼接 authorization Base64 编码前（authorization_origin）的字符串，示例如下：

```
api_key="keyxxxxxxxx8ee279348519exxxxxxxx", algorithm="hmac-sha256", headers=
"host date request-line", signature="Hp3Ty4ZkSBmL8jKyOLpQiv9Sr5nvmeYEH7WsL/ZO2Jg="
```

⑦ 对 authorization_origin 进行 Base64 编码获得最终的 authorization 参数：

```
authorization = base64(authorization_origin)
```

鉴权结果：如果握手成功，会返回 HTTP 101 状态码，表示协议升级成功；如果握手失败，则根据不同错误类型返回不同 HTTP Code 状态码，同时携带错误描述信息。错误码的详细说明如表 3-3 所示。

表 3-3　错误码的详细说明

HTTP Code	说　明	错误描述信息	解　决　方　法
401	缺少 authorization 参数	{"message":"Unauthorized"}	检查是否有 authorization 参数，详情见 authorization 参数生成规则
401	签名参数解析失败	{"message":"HMAC signature cannot be verified"}	检查签名的各个参数是否有缺失，是否正确，特别确认复制的 api_key 是否正确
401	签名校验失败	{"message":"HMAC signature does not match"}	签名校验失败，可能原因有很多 1. 检查 api_key、api_secret 是否正确 2. 检查计算签名的参数 host、date、request-line 是否按照协议要求拼接 3. 检查 signature 签名的 Base64 长度是否正常（正常为 44 个字节）
403	时钟偏移校验失败	{"message":"HMAC signature cannot be verified, a valid date or x-date header is required for HMAC Authentication"}	检查服务器时间是否标准，若相差 5min 以上就会提示此错误
403	IP 白名单校验失败	{"message":"Your IP address is not allowed"}	可在控制台关闭 IP 白名单，或者检查 IP 白名单设置的 IP 地址是否为本机外网 IP 地址

6. 接口请求参数

在调用业务接口时，需要配置以下参数，请求数据均为 JSON 字符串，请求参数说明如表 3-4 所示。

表 3-4　请求参数说明

参　数　名	类　型	必　传	描　　述
common	object	是	公共参数，仅在握手成功后首帧请求时上传，详见表 3-5～表 3-7
business	object	是	业务参数，仅在握手成功后首帧请求时上传，详见表 3-5～表 3-7
data	object	是	业务数据流参数，在握手成功后的所有请求中都需要上传，详见表 3-5～表 3-7

公共参数说明（common）如表 3-5 所示。

表 3-5 公共参数说明

参 数 名	类 型	必 传	描 述
app_id	string	是	在平台申请的 APPID 信息

业务参数说明（business）如表 3-6 所示。

表 3-6 业务参数说明

参 数 名	类 型	必 传	描 述	示 例
language	string	是	语种 zh_cn：中文（支持简单的英文识别） en_us：英文 其他小语种：可到控制台—语音听写（流式版）—方言/语种处添加试用或购买，添加后会显示该小语种参数值，若未授权无法使用则会报错 11200 另外，小语种接口 URL 与中英文不同，详见表 3-1	"zh_cn"
domain	string	是	应用领域 iat：日常用语 medical：医疗 gov-seat-assistant：政务坐席助手 seat-assistant：金融坐席助手 gov-ansys：政务语音分析 gov-nav：政务语音导航 fin-nav：金融语音导航 fin-ansys：金融语音分析 注：除日常用语领域外，其他领域若未授权无法使用，可到控制台—语音听写（流式版）—高级功能处添加试用或购买；若未授权无法使用则会报错 11200 坐席助手、语音导航、语音分析相关垂直领域仅适用于 8kHz 采样率的音频数据，另外三者的区别详见下方	"iat"
accent	string	是	方言，当前仅在 language 为中文时，支持方言选择 mandarin：中文普通话、其他语种 其他方言：可到控制台—语音听写（流式版）—方言/语种处添加试用或购买，添加后会显示该方言参数值；方言若未授权无法使用则会报错 11200	"mandarin"
vad_eos	int	否	用于设置端点检测的静默时间，单位是 ms，即静默多长时间后引擎认为音频结束 默认为 2000ms（小语种除外，小语种不设置该参数默认为未开启 VAD）	3000
dwa	string	否	（仅中文普通话支持）动态修正 wpgs：开启流式结果返回功能 注：该扩展功能若未授权无法使用，可到控制台—语音听写（流式版）—高级功能处免费开通；若未授权状态下设置该参数并不会报错，但不会生效	"wpgs"

参 数 名	类 型	必 传	描 述	示 例
pd	string	否	（仅中文支持）领域个性化参数 game：游戏 health：健康 shopping：购物 trip：旅行 注：该扩展功能若未授权无法使用，可到控制台—语音听写（流式版）—高级功能处添加试用或购买；若未授权状态下设置该参数并不会报错，但不会生效	"game"
ptt	int	否	（仅中文支持）是否开启标点符号添加 1：开启（默认值） 0：关闭	0
rlang	string	否	（仅中文支持）字体 zh-cn：简体中文（默认值） zh-hk：繁体中文 注：该繁体功能若未授权无法使用，可到控制台—语音听写（流式版）—高级功能处免费开通；若未授权状态下设置为繁体并不会报错，但不会生效	"zh-cn"
vinfo	int	否	返回子句结果对应的起始和结束的端点帧偏移值。端点帧偏移值表示从音频开头起已过去的帧的长度 0：关闭（默认值） 1：开启 开启后返回的结果中会增加 data.result.vad 字段，详见下方返回结果 注：若开通并使用了动态修正功能，则该功能无法使用	1
nunum	int	否	（中文普通话和日语支持）将返回结果的数字格式规定为阿拉伯数字格式，默认开启 0：关闭 1：开启	0
speex_size	int	否	speex 音频帧长，仅在 speex 音频中使用 1：当 speex 编码为标准开源 speex 编码时必须指定 2：当 speex 编码为讯飞定制 speex 编码时不要设置 注：标准开源 speex 及讯飞定制 speex 编码工具请参考图 3-2 所示的 speex 编码	70
nbest	int	否	取值范围为[1,5]，通过设置此参数，获取在发音相似时的句子多候选结果；设置多候选会影响性能，响应时间延迟 200ms 左右 注：该扩展功能若未授权无法使用，可到控制台—语音听写（流式版）—高级功能处免费开通；若未授权状态下设置该参数并不会报错，但不会生效	3
wbest	int	否	取值范围为[1,5]，通过设置此参数，获取在发音相似时的词语多候选结果；设置多候选会影响性能，响应时间延迟 200ms 左右 注：该扩展功能若未授权无法使用，可到控制台—语音听写（流式版）—高级功能处免费开通；若未授权状态下设置该参数并不会报错，但不会生效	5

注：① 多候选结果由引擎决定，并非绝对。即使设置了多候选，如果引擎并没有识别出候选的词或句，返回结果也还是单个。

② 以上 common 和 business 参数只需要在握手成功后的第一帧请求时带上。

讯飞定制speex（压缩等级）	0	1	2	3	4	5	6	7	8	9	10
speex 8kHz	7	11	16	21	21	29	29	39	39	47	63
speex-wb 16kHz	11	16	21	26	33	43	53	61	71	87	107

标准开源speex（压缩等级）	0	1	2	3	4	5	6	7	8	9	10
speex 8kHz	6	10	15	20	20	28	28	38	38	46	62
speex-wb 16kHz	10	15	20	25	32	42	52	60	70	86	106

图 3-2　speex 编码

- 坐席助手：电话坐席助手，一般用于人与人对话的场景。
- 语音导航：电话语音导航，一般用于机器与人对话的场景。
- 语音分析：基于大量存量的电话客服录音做质检，即事后音频转文字的场景（识别率会优于前两者）。

业务数据流（data）参数说明如表 3-7 所示。

表 3-7　业务数据流参数说明

参　数　名	类　型	必　传	描　　　述
status	int	是	音频的状态 0：第一帧音频 1：中间的音频 2：最后一帧音频，最后一帧必须要发送
format	string	是	音频的采样率支持 16kHz 和 8kHz 16kHz 音频：audio/L16;rate=16000 8kHz 音频：audio/L16;rate=8000
encoding	string	是	音频数据格式 raw：原生音频（支持单声道的 PCM） speex：speex 压缩后的音频（8kHz） speex-wb：speex 压缩后的音频（16kHz） 请注意压缩前必须是采样率16kHz 或 8kHz 单声道的 PCM lame：Mp3 格式（仅支持中文普通话和英文，方言及小语种暂不支持） 样例音频可在服务接口说明的音频样例版块下载
audio	string	是	音频内容，采用 Base64 编码

7. 返回结果

接口返回结果参数说明如表 3-8 所示。

表 3-8　接口返回结果参数说明

参　　数	类　型	描　　　述
sid	string	本次会话的 ID，只在握手成功后第一帧请求时返回
code	int	返回码，0 表示成功，其他表示异常，详情请参考表 3-3 中的错误码
message	string	错误描述

续表

参　数	类　型	描　述
data	object	听写结果信息
data.status	int	识别结果是否为结束标志 0：识别的第一块结果 1：识别中间结果 2：识别最后一块结果
data.result	object	听写识别结果
data.result.sn	int	返回结果的序号
data.result.ls	bool	是否为最后一片结果
data.result.bg	int	保留字段，无须关心
data.result.ed	int	保留字段，无须关心
data.result.ws	array	听写结果
data.result.ws.bg	int	起始的端点帧偏移值，单位：帧（1帧=10ms） 注：以下两种情况下 bg=0，无参考意义 ① 返回结果为标点符号或为空；② 本次返回结果过长
data.result.ws.cw	array	中文分词
data.result.ws.cw.w	string	字词
data.result.ws.cw.其他字段 sc/wb/wc/we/wp	int/string	均为保留字段，无须关心；如果解析 sc 字段，建议 float 与 int 数据类型都做兼容

任务实施

实现简单的语音识别。

基于讯飞开放平台的语音听写

工作流程

（1）注册和登录人工智能开放平台，熟悉平台功能；创建语音识别应用，获得服务接口认证信息。

（2）从平台下载 Demo，理解程序语句功能；在本地环境运行 Demo，得到识别结果。

（3）完成拓展任务。

操作步骤

1. 创建应用

（1）注册/登录平台。

① 注册平台。进入讯飞开放平台注册页面，通过微信扫码注册或手机号注册功能，注册完整的开放平台账号，成为平台注册开发者。平台注册界面如图 3-3 所示。

② 登录平台。进入讯飞开放平台快速登录页面，通过微信扫码、手机快捷登录或账号密码登录，即可快速登录。平台登录界面如图 3-4 所示。

图 3-3　平台注册界面

图 3-4　平台登录界面

（2）创建应用。

① 登录平台后，通过右上角的"控制台"，或右上角下拉菜单的"我的应用"进入控制台，如图 3-5 所示。

② 单击"创建新应用"按钮，填写应用名称及相关信息后，单击"提交"按钮，应用创建完毕，如图 3-6 所示。

注意：

· 支持一个账号创建多个应用。

· 在"我的应用"中可以查看应用列表，可进行应用切换。

· 单击应用名称，即可进入这个应用对应的服务管理面板。

图 3-5　控制台界面

图 3-6　创建新应用界面

· 同一个应用 APPID 可以用在多个业务上，没有限制。

· 考虑到多个业务共用一个应用 APPID 无法分业务统计用量，建议一个业务对应一个应用 APPID。

创建应用时应注意：

· 应用名称的长度须小于 10 个汉字或 20 个字符，不得含有特殊字符或空格。

· 应用名称应用可识别性词语来命名。

· 应用功能描述中不得包含特殊符号。

· 应用名称、分类、应用功能与实际应用应有直接关联，未明确说明应用使用场景与功能的将被下架。

（3）查看服务。

应用创建完成后，可以通过左侧的服务列表，选择要使用的服务。可选服务列表如图 3-7 所示。

图 3-7　可选服务列表

在服务管理面板中，将看到这个服务对应的实时用量、历史用量、服务接口认证信息，以及可调用的 API 和 SDK，如图 3-8 所示。

图 3-8　服务管理面板

（4）调用语音识别 API。

语音识别位于讯飞开放平台上的服务列表下，语音识别服务类别如图 3-9 所示。

图 3-9　语音识别服务类别

获取语音识别服务接口认证信息，如图 3-10 所示。

服务接口认证信息

APPID

APISecret

APIKey

*SDK调用方式只需APPID。APIKey或APISecret适用于WebAPI调用方式。

图 3-10　登录账号的服务接口认证信息

获取语音听写 API 接口地址（以语音听写流式版为例）：wss://iat-api.xfyun.cn/v2/iat。查看对应的接口文档，如图 3-11 所示。

语音听写（流式版）API

服务名称	API类型	接口地址	操作
语音听写	WebSocket	wss://iat-api.xfyun.cn/v2/iat	文档

图 3-11　语音听写（流式版）接口文档

2. 语音识别的实现

（1）从平台下载 Demo，理解程序语句功能。

Demo 所在位置如图 3-12 所示。

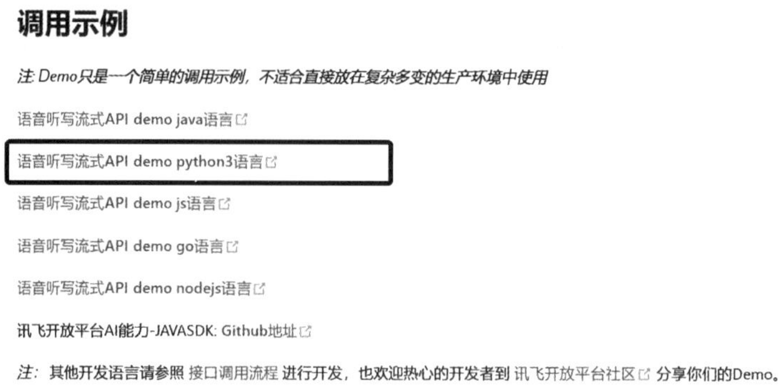

调用示例

注 Demo只是一个简单的调用示例，不适合直接放在复杂多变的生产环境中使用

语音听写流式API demo java语言 ☐

语音听写流式API demo python3语言 ☐

语音听写流式API demo js语言 ☐

语音听写流式API demo go语言 ☐

语音听写流式API demo nodejs语言 ☐

讯飞开放平台AI能力-JAVASDK: Github地址 ☐

注：其他开发语言请参照 接口调用流程 进行开发，也欢迎热心的开发者到 讯飞开放平台社区 ☐ 分享你们的Demo。

图 3-12　Demo 所在位置

（2）运行 Demo 程序。

① 使用 Python IDLE、Anaconda、PyCharm 等都可打开并运行 Demo 程序，这里以 PyCharm 为例。

② 将在开放平台上获取的接口认证信息（见图 3-10），填写到 Demo 程序中的相应位置，如图 3-13 所示。

```
if __name__ == "__main__":
    # 测试时候在此处正确填写相关信息即可运行
    time1 = datetime.now()
    wsParam = Ws_Param(APPID=' ', APISecret=' ',
                       APIKey=' ',
                       AudioFile=r'E:\1230.wav')
    websocket.enableTrace(False)
    wsUrl = wsParam.create_url()
    ws = websocket.WebSocketApp(wsUrl, on_message=on_message, on_error=on_error, on_close=on_close)
    ws.on_open = on_open
    ws.run_forever(sslopt={"cert_reqs": ssl.CERT_NONE})
    time2 = datetime.now()
    print(time2-time1)
```

图 3-13　Demo 程序中接口认证信息所在位置

③ 选取音频样例并下载到本地。音频样例所在位置如图 3-14 所示。

图 3-14　音频样例所在位置

④ 找到音频的本地路径，将下载到本地的音频样例路径填写到如图 3-15 所示的 AudioFile 参数中。

```
if __name__ == "__main__":
    # 测试时候在此处正确填写相关信息即可运行
    time1 = datetime.now()
    wsParam = Ws_Param(APPID=' ', APISecret=' ',
                       APIKey=' ',
                       AudioFile=r' ')
    websocket.enableTrace(False)
    wsUrl = wsParam.create_url()
    ws = websocket.WebSocketApp(wsUrl, on_message=on_message, on_error=on_error, on_close=on_close)
    ws.on_open = on_open
    ws.run_forever(sslopt={"cert_reqs": ssl.CERT_NONE})
    time2 = datetime.now()
    print(time2-time1)
```

图 3-15　Demo 程序中音频样例路径所在位置

⑤ 运行程序，查看程序输出。返回的是 JSON 格式的音频识别结果，Demo 运行结果如图 3-16 所示。

```
if __name__ == "__main__":
    # 测试时候在此处正确填写相关信息即可运行
    time1 = datetime.now()
    wsParam = Ws_Param(APPID='          ', APISecret='                      ',
                       APIKey='                      ',
                       AudioFile=r'C:/Users/44719/Downloads/iat_mp3_16k.mp3')
    websocket.enableTrace(False)
    wsUrl = wsParam.create_url()
    ws = websocket.WebSocketApp(wsUrl, on_message=on_message, on_error=on_error, on_close=on_close)
    ws.on_open = on_open
    ws.run_forever(sslopt={"cert_reqs": ssl.CERT_NONE})
    time2 = datetime.now()
    print(time2-time1)

sid:iat000e7659@dx1873264da1a6f29802 call success!,data is:[{"bg": 0, "cw": [{"sc": 0, "w": ""}]}]
### closed ###
0:00:01.279589
```

图 3-16　Demo 运行结果

至此，通过设置接口参数和修改识别音频路径实现了音频中词语的识别。

任务评价

本任务的评价表如表 3-9 所示。

表 3-9　任务评价表

任务评价表				
单元名称		任务名称		
班级		姓名		
评价维度	评价指标	评价主体		分值
		自我评价	教师评价	
知识目标达成度	理解语音识别的概念			10
	理解语音识别的流程			10
	理解语音识别的技术框架			10

续表

评价维度	评价指标	评价主体		分值
		自我评价	教师评价	
能力目标达成度	能够在开放平台创建应用			10
	能够利用 Demo 完成语音识别			10
	能理解识别反馈信息			10
素质目标达成度	具备良好的工程实践素养			10
	善于发现问题、解决问题			10
	具备严谨认真、精益求精的工作态度			10
团队合作达成度	团队贡献度			5
	团队合作配合度			5
总达成度=自我评价×50%+教师评价×50%				100

任务拓展

动态修正体验

开启动态修正可以实时返回识别结果，每次返回的结果有可能是对之前结果的追加，也有可能是要替换之前某次返回的结果（修正）。开启动态修正时，相较于未开启，返回结果的颗粒度更小，视觉冲击效果更佳。未开启与开启返回的结果格式也不同。如图 3-17 所示为动态修正效果体验界面。

动态修正：可到这里 动态修正效果 在线体验

- **未开启动态修正**：实时返回识别结果，每次返回的结果都是对之前结果的追加；
- **开启动态修正**：实时返回识别结果，每次返回的结果有可能是对之前结果的追加，也有可能是要替换之前某次返回的结果（即修正）；
- 开启动态修正，相较于未开启，返回结果的颗粒度更小，视觉冲击效果更佳；
- 使用动态修正功能需到控制台-流式听写-高级功能处**点击开通，并设置相应参数**方可使用，参数设置方法详见 业务参数说明；
- 动态修正功能仅 **中文** 支持；
- 未开启与开启返回的结果格式不同，详见 动态修正返回结果；

图 3-17　动态修正效果体验界面

任务 3.2　实现基于 TensorFlow 搭建语音识别系统

　　曾几何时，个人搭建语音识别系统是一件非常复杂的系统工程，需要涉及语音识别算法、服务器端开发、网络通信、前端开发等技术，个人开发者很难全栈掌握，甚至很难熟练地使用这些技术。

　　得益于语音识别技术的开源运动和深度学习应用技术的发展，目前，利用 TensorFlow 框架可搭建极简的语音识别系统。

　　1．了解语音识别中的音频特征 MFCC。
　　2．熟悉 MFCC 特征提取的过程。
　　3．利用 TensorFlow 搭建语音识别系统。

3.2.1　MFCC 特征提取

　　1．MFCC 概念

　　梅尔频率倒谱系数（Mel Frequency Cepstral Coefficients，MFCC）中的 Mel 频率是基于人耳听觉特性提出来的，它与 Hz 频率成非线性对应关系。MFCC 则是利用它们之间的这种关系，计算得到的 Hz 频谱特征。由于 Mel 频率与 Hz 频率之间非线性的对应关系，使得 MFCC 随着频率的提高，其计算精度随之下降。因此，在应用中常常只使用低频 MFCC，而丢弃中高频 MFCC。如图 3-18 所示为 Mel 频率与线性频率的关系。

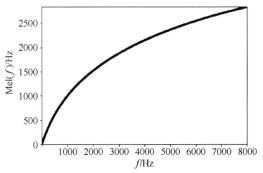

图 3-18　Mel 频率与线性频率的关系

　　2．MFCC 提取过程

　　MFCC 提取过程包括预处理、快速傅里叶变换、Mel 滤波器组、对数运算、离散余弦变换、动态特征提取等步骤。MFCC 提取流程如图 3-19 所示。

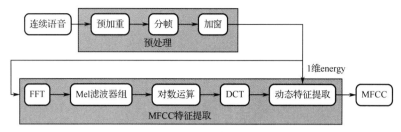

图 3-19 MFCC 提取流程

在实际应用中，可以用 TensorFlow 计算 MFCC，使用 TensorFlow 进行语音解析的第一步就是获取语音的解析结果，在 TensorFlow 中提供了专门用于语音的解码函数，代码如下：

```
#导入数据包
from tensorflow.python.ops import gen_audio_ops as audio_ops
from tensorflow.python.ops import io_ps
wav_loader = io_ops.read_file(wav_filename)
wav_decoder = audio_ops.decode_wav(wav_loader, desired_channels = 1,desired_
samples=desired_samples)
```

其中，参数 wav_filename 是输入的语音数据的地址，通过 read_file()函数将数据读入内存中；decode_wav()函数用于对内存中的语音数据进行解码，其中的参数 desired_channels 代表"音轨"的个数，将其设置成 1 即可，而参数 desired_samples 是音频的采样率，这个参数非常重要。

对于普通的 WAV 音频数据，每秒标准采样率为 16kHz，而根据设置不同的 desired_samples 参数，可以人为显式地设置每个输入的语音样本采样的时长，设置成 16000 的倍数即可。desired_samples 的计算方式如下：

```
#sample_rate
#每个音频的时长=10
clip_duration_ms = 1000
#clip_duration_ms 表示每帧多少毫秒
desired_samples = int(sample_rate * 每个音频的时长* clip_duration_ms /1000)
```

这里有一个额外的参数是 clip_duration_ms，其具体含义是对每秒中的多少毫秒进行设置，此处设置成 1000 即可。

得到语音解析结果后，接着进入获取中间语图的步骤，TensorFlow 提供了相应的函数进行处理，代码如下：

```
Spectrogram=audio_ops.audio_spectrogram(wav_decoder.audio,window_size=window
_size_samples,stride=window_stride_samples,magnitude_squared=True)
```

audio_spectrogram()是 TensorFlow 提供的对解码后的音频进行提取的函数，其作用是将解码后的音频转换成计算 MFCC 所需的语图，输入的参数 wav_decoder.audio 是音频解码后的具体值，window_size 是音频采样窗口，stride 是每个窗口的步长，magnitude_squared 是计算语图的公式参数，直接设置成 True 即可。

最后，使用 TensorFlow 自带的 mfcc()函数进行数据计算，此时需要注意的是，mfcc()函数中需要设置 MFCC 的维度，即使用参数 dct_coefficient_count 进行设定，此处使用的参数为 dct_coefficient_count = 40，代码如下：

```
mfcc = audio_ops.mfcc(spectrogram,wav_decoder.sample_rate,
dct_coefficient_count=dct_coefficient_count)
```

至此，可得到音频数据对应的 MFCC 矩阵。

3.2.2　搭建基于 TensorFlow 的深度学习模型

1.　本地安装 TensorFlow

以 Anaconda 为例，在 Anaconda 命令端输入如下命令：

```
pip install tensorflow
```

读者可根据自己的设备软件选择合适的版本，进行安装。

2.　使用 TensorFlow 进行模型的设计

Keras 是一个使用 Python 编写的基于 Theano/Tensorflow 的深度学习框架，是能在 TensorFlow 上运行的一种高级的 API 框架。Keras 拥有丰富的对数据的封装和一些先进的模型的实现，避免了"重复造轮子"，支持快速实验，有以下特点。

（1）简易和快速的原型设计（Keras 具有高度模块化、极简和可扩充特性）。

（2）支持 CNN 和 RNN，或二者的结合。

（3）无缝 CPU 和 GPU 切换。

Keras 的模块结构如图 3-20 所示。

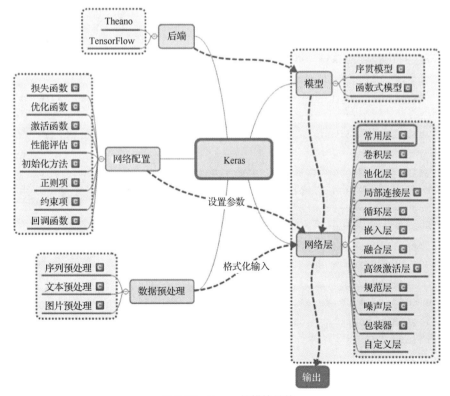

图 3-20　Keras 的模块结构

使用 Keras 搭建神经网络模型的步骤如图 3-21 所示。

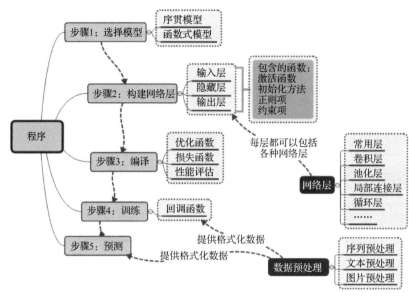

图 3-21　使用 Keras 搭建神经网络模型的步骤

代码实现：

```python
import tensorflow as tf
#模型主体部分
class WaveClassic(tf.keras.layers.Layer):
    def __init__(self):
    super(WaveClassic, self).__init__()
    def build(self, input shape):
    self.convs = [tf.keras.layers.Conv1D(filters=64,kernel size=2)for _ in
range(3)]
    self.layer_norms = [tf.keras.layers.LayerNormalization() for _ in
range(3)]
    self.last_dense=tf.keras.layers.Dense(40,activation=tf.nn.softmax)
    super(WaveClassic,self).build(input_shape)
    def call(self,inputs):
    embedding =inputs
    for i in range(3):
        embedding = self.convs[i](embedding)
        embedding = self.layer_norms[i](embedding)
    embedding = tf.keras.layers.Flatten()(embedding)
    logits = self.last_dense(embedding)
    return logits
def get_wav_model():
mfc_batch = tf.keras.Input(shape=(532，40))
logits = WaveClassic()(mfc_batch)
```

```
model = tf.keras.Model (mfc_batch,logits)
return model
```

任务实施

实现基于 TensorFlow 的语音识别系统。

工作流程

本任务基于 TensorFlow 搭建一个简单的语音识别系统，具体流程如下：

（1）数据准备。

（2）数据预处理。

（3）模型设计。

（4）模型数据输入。

（5）模型训练。

操作步骤

（1）数据准备。

深度学习的第一步是数据的准备。数据的来源多种多样，既有不同类型的数据集，又有根据项目需求由项目组自行准备的数据集。

常用的语音识别库如下。

● TIMIT：经典的英文语音识别库，其中包含来自美国 8 个主要口音地区的 630 人的语音，每人 10 句，并包括词和音素级的标注。这个库主要用来测试音素识别任务。

● SwitchBoard：对话式电话语音识别库，采样率为 8kHz，包含来自美国各个地区的 543 人的 2400 条通话录音。研究人员用这个数据库做语音识别测试已有 20 多年的历史。

● LibriSpeech：免费的英文语音识别库，总共 1000 小时，采样率为 16kHz，包含朗读式语音和对应的文本。

● Thchs-30：清华大学提供的一个中文示例，并配套完整的发音词典，其数据集有 30 小时，采样率为 16kHz。

● AISHELL-1：希尔贝壳开源的 178 小时中文普通话数据，采样率为 16kHz，包含 400 位来自中国不同口音地区的说话人的语音，语料内容涵盖财经、科技、体育、娱乐、时事新闻等。

语音识别库还有很多，包括 16kHz 和 8kHz 的数据。海天瑞声、数据堂等数据库公司提供大量的商用数据库，可用于工业产品的开发。

本任务使用专门的语音识别库 Speech Commands，该数据集包含 51088 个训练集 WAV 音频文件，6798 个验证集 WAV 音频文件，6385 个测试集 WAV 音频文件。该数据集为公开数据集。

（2）数据预处理。

获取音频的 MFCC 特征，代码如下：

模型搭建

```
import tensorflow as tf
from tensorflow.python.ops import gen_audio_ops as audio_ops
```

```
from tensorflow.python.ops import io_ops
import numpy as np

sample_rate, window_size_ms, window_stride_ms = 3200, 60, 30
dct_coefficient_count = 40
clip_duration_ms = 1000
second_time = 16
desired_samples = int(sample_rate * second_time * clip_duration_ms / 1000)
window_size_samples = int(sample_rate * window_size_ms / 1000)
window_stride_samples = int(sample_rate * window_stride_ms / 1000)
    def get_mfcc_simplify(wav_filename, desired_samples = desired_samples,
window_size_samples = window_size_samples, window_stride_samples =
window_stride_ samples, dct_coefficient_count = dct_coefficient_count):

    # 读取音频文件
    wav_loader = io_ops.read_file(wav_filename)
    # 进行音频解码
    wav_decoder = audio_ops.decode_wav(
        wav_loader, desired_channels = 1, desired_samples=desired_samples)

    # 获取音频指纹信息
    spectrogram = audio_ops.audio_spectrogram(
        wav_decoder.audio,
        window_size=window_size_samples,
        stride=window_stride_samples,
        magnitude_squared=True)

    # 生成 MFCC 矩阵
    mfcc_ = audio_ops.mfcc(
        spectrogram,
        wav_decoder.sample_rate,
        dct_coefficient_count=dct_coefficient_count)  # dct_coefficient_count=
model_settings['fingerprint_width']
    return mfcc_
```

（3）模型设计。

使用 Keras 框架进行模型设计，代码如下：

```
import tensorflow as tf

class WaveClassic(tf.keras.layers.Layer):
    def __init__(self):
    super(WaveClassic, self).__init__()
```

```
        def build(self, input_shape):
        self.convs = [tf.keras.layers.Conv1D(filters=64,kernel_size=2,strides=2)
for _ in range(3)]
        self.layer_norms = [tf.keras.layers.LayerNormalization() for _ in range(3)]

        self.last_dense = tf.keras.layers.Dense(40,activation=tf.nn.softmax)
        super(WaveClassic, self).build(input_shape)  # 一定要在最后调用它

        def call(self, inputs):
        embedding = inputs

        for i in range(3):
            embedding = self.convs[i](embedding)
            embedding = self.layer_norms[i](embedding)

        embedding = tf.keras.layers.Flatten()(embedding)
        logits = self.last_dense(embedding)
        return logits


    def get_wav_model():
    mfc_batch = tf.keras.Input(shape=(532, 40))
    logits = WaveClassic()(mfc_batch)
    model = tf.keras.Model(mfc_batch,logits)
    return model
```

（4）模型数据输入。

深度学习模型的每一步都需要数据内容的输入，在输入数据时分步骤将数据输入到训练模型中，代码如下：

```
import os
from tqdm import tqdm
import tensorflow as tf
from tensorflow.python.ops import gen_audio_ops as audio_ops
from tensorflow.python.ops import io_ops
import numpy as np

sample_rate, window_size_ms, window_stride_ms = 3200, 60, 30
dct_coefficient_count = 40
clip_duration_ms = 1000
second_time = 16
desired_samples = int(sample_rate * second_time * clip_duration_ms / 1000)
window_size_samples = int(sample_rate * window_size_ms / 1000)
window_stride_samples = int(sample_rate * window_stride_ms / 1000)
```

```python
def get_mfcc_simplify(wav_filename, desired_samples=desired_samples,
window_ size_samples=window_size_samples, window_stride_samples=
window_stride_ samples, dct_coefficient_count=dct_coefficient_count):

    # 读取音频文件
    wav_loader = io_ops.read_file(wav_filename)
    # 进行音频解码
    wav_decoder = audio_ops.decode_wav(
        wav_loader, desired_channels=1, desired_samples=desired_samples)

    # 获取音频指纹信息
    spectrogram = audio_ops.audio_spectrogram(
        wav_decoder.audio,
        window_size=window_size_samples,
        stride=window_stride_samples,
        magnitude_squared=True)

    # 生成MFCC矩阵
    mfcc_ = audio_ops.mfcc(
        spectrogram,
        wav_decoder.sample_rate,
        dct_coefficient_count=dct_coefficient_count)  # dct_coefficient_count=
model_settings['fingerprint_width']
    return mfcc_


label_name_list = []
mfcc_wav_list = []
wav_filepaths = "G:/语音识别数据库/数据库/speech_commands_v0.02"
wav_filepaths_list = os.listdir(wav_filepaths)
for i in range(len(wav_filepaths_list)):
    wav_filepath = wav_filepaths_list[i]

    wav_filepath = wav_filepaths + "/" + wav_filepath
    wav_filepath_os = os.listdir(wav_filepath)
    for wav_file in wav_filepath_os:
        wav_file = wav_filepath + "/" + wav_file

        try:
            mfcc = get_mfcc_simplify(wav_file)
            mfcc = np.squeeze(mfcc,axis=0)

            mfcc_wav_list.append(mfcc)
            label_name_list.append(i)
```

```
        except:
            pass

mfcc_wav_list = np.array(mfcc_wav_list)
label_name_list = np.array(label_name_list)

seed = 2021
np.random.seed(seed);np.random.shuffle(mfcc_wav_list)
np.random.seed(seed);np.random.shuffle(label_name_list)

train_length = len(label_name_list)

def generator(batch_size = 32):
    batch_num = train_length//batch_size

    while 1:
        for i in range(batch_num):
            start = batch_size * i
            end = batch_size * (i + 1)

            yield mfcc_wav_list[start:end],label_name_list[start:end]
```

（5）模型训练，代码如下：

模型训练

```
import tensorflow as tf
import waveClassic
import get_data

model = waveClassic.get_wav_model()
model.compile(optimizer='adam',      loss=tf.keras.losses.sparse_categorical_
crossentropy, metrics=['accuracy'])            #定义优化函数、损失函数及准确率
    batch_size = 8
    model.fit_generator(generator=get_data.generator(8),steps_per_epoch=get_data
.train_length//batch_size,epochs=10)
```

至此，基于 TensorFlow 搭建语音识别系统训练已完成，可在 Anaconda 环境中运行，通过设置 epochs 值得到训练结果。如图 3-22 所示为 epochs=2 时的运行结果。

```
Epoch 1/2
8090/8090 [==============================] – 152s 19ms/step - loss: 2.2187 - accuracy: 0.3741
Epoch 2/2
8090/8090 [==============================] – 183s 23ms/step - loss: 1.9451 - accuracy: 0.4534
<tensorflow.python.keras.callbacks.History at 0x29fbd9b47b8>
```

图 3-22　epochs=2 时运行结果

如果想提高模型的准确率，即 accuracy 值，可在程序训练时适当增大 epochs 的值。

任务评价

本任务的评价表如表 3-10 所示。

功能测试

模型测试

表 3-10　任务评价表

任务评价表				
单元名称		任务名称		
班级		姓名		
评价维度	评价指标	评价主体		分值
		自我评价	教师评价	
知识目标达成度	理解梅尔频率倒谱系数			10
	理解 MFCC 特征			10
	理解 TensorFlow 应用流程			10
能力目标达成度	能够在本地安装 TensorFlow			10
	能用 TensorFlow 搭建深度学习模型			10
	能用 TensorFlow 实现语音识别			10
素质目标达成度	具备良好的工程实践素养			10
	善于发现问题、解决问题			10
	具备严谨认真、精益求精的工作态度			10
团队合作达成度	团队贡献度			5
	团队合作配合度			5
总达成度=自我评价×50%+教师评价×50%				100

任务 3.3　实现性别和年龄信息识别

任务情境

在日常生活中，声音识别已经变得极其普遍，如使用一些智能家居设备时，通过语音进行指令操控；在不方便进行手动输入的场景下，通过语音输入进行网页搜索、导航设定、文本录入等。但仅这样还不够，在实际场景中，说话人所处的环境往往充斥着各类噪声，这些噪声会在一定程度上污染说话人的声音信号，使算法无法准确获取说话人的声纹特征；甚至由于说话人过多，无法准确分离出目标人的声音，提取不到准确的声纹特征等。声音识别基本算法能够自动对说话人的语音信号进行特征提取，构建声音分析框架，通过机器进行语音数据分析，快速区分噪声与人声，并判定说话人的性别和年龄，从而实现更加精准化的信息匹配。

在应用场景中，声音理解功能尤为重要。特别是在人机交互系统中，通过识别说话人的性别和年龄，系统能迅速确定说话人所属的特定人群，从而进行更有针对性地交互。

任务布置

1. 了解讯飞开放平台 API 的使用方法。
2. 熟悉语音识别性别年龄服务接口的调用流程。
3. 完成性别和年龄识别实战。

基于讯飞开放平台的
性别年龄识别.pptx

基于讯飞开放平台的
性别年龄识别.mp4

知识准备

3.3.1 基于 AI 开放平台的语音识别及相关术语

基于 AI 开放平台的语音识别框架如图 3-23 所示。

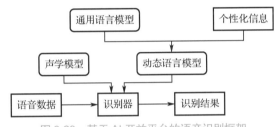

图 3-23 基于 AI 开放平台的语音识别框架

· 通用语言模型：语言模型是句子的概率分布或词的联合条件概率分布。
· 个性化信息：可通过热词设置。
· 动态语言模型：融合了多样化、个性化预测，是更具针对性的语言模型。
· 声学模型：声学模型是语音识别系统中最为重要的部分之一，主流系统多采用隐马尔科夫模型进行建模，可通俗地理解为将语音转化为音节的模型。
· 识别器：由声学模型和动态语言模型共同作用的训练识别模型。

3.3.2 语音识别接口调用模块代码说明

1. 实验目标和实验数据

本实验主要调用讯飞开放平台提供的语音识别性别年龄服务接口进行性别和年龄语音识别，就是对说话人的性别属性及年龄大小进行分析，判定说话人的性别（男、女）及年龄范围（小孩、中年、老人），并使用 Python 前端页面框架进行页面可视化交互操作。本实验会涉及一些前端页面的基础知识，但不做掌握要求，实验会提供相关前端页面文件，实验的重点在讯飞开放平台语音识别性别年龄服务接口的调用。接口的调用后续可在娱乐互动等应用场景中进行集成应用。本实验的具体目标如下。

（1）了解语音识别性别年龄的流程。
（2）了解讯飞开放平台的使用流程（包括获取应用的 APPID、APIKEY 等）。
（3）了解平台上的语音识别性别年龄服务接口的调用流程。

本实验的数据为音频文件数据，格式为 WAV，音频最长支持 10s，大小不得超过 320KB。

2. 实验环境与实验效果预览

本次实验的演示界面效果如图 3-24 所示。

图 3-24　语音性别年龄识别能力演示界面

在 age_gender_api_helper.py 文件中，有五部分内容说明如下。

定义 Websocket 接口相关参数及 url 鉴权类 Ws_Param，在 Ws_Param 类中定义了以下几种方法和函数。

（1）定义特殊方法 __init__，用于初始化讯飞开放平台相关信息、待识别的音频文件、公共参数、业务参数，关键代码如下：

```
class Ws_Param(object):  # 定义类用于管理 Websocket 参数
    # 初始化
    def __init__(self, APPID, APIKey, APISecret, AudioFile):
        self.APPID = APPID
        self.APIKey = APIKey
        self.APISecret = APISecret
        self.AudioFile = AudioFile  # 说话人的音频文件

        # 公共参数(common)
        self.CommonArgs = {"app_id": self.APPID}
        # 业务参数(business)
        self.BusinessArgs = {"ent": "igr",  # 引擎类型，目前仅支持 igr
                             "aue": "raw",  # 音频格式 raw：支持 PCM 格式和 WAV 格式
                             "rate": 16000  # 音频采样率 16kHz/8kHz
                             }
```

（2）定义方法 create_url，用于生成鉴权 url，关键代码如下：

```
    # 通过在请求地址后面加上鉴权相关参数生成鉴权 url
    def create_url(self):
        # 参数1：生成 RFC1123 格式的时间戳
        now = datetime.now()
```

```
        date = format_date_time(mktime(now.timetuple()))
```

参数 2：　生成鉴权参数 authorization（包括下面步骤 1、2、3、4、5）

```
        # step1 拼接 signature 原始字段的字符串（signature 原始字段包括 host、date、
authorization）
        signature_origin = "host: " + "ws-api.xfyun.cn" + "\n"
        signature_origin += "date: " + date + "\n"
        signature_origin += "GET " + "/v2/igr " + "HTTP/1.1"
        # 步骤 2 结合 apiSecret 对 signature_origin 使用 hmac-sha256 进行加密（签名）
        signature_sha = hmac.new(self.APISecret.encode('utf-8'), signature_
origin.encode('utf-8'), digestmod=hashlib.sha256).digest()
        # 步骤 3 使用 Base64 编码对 signature_sha 进行编码，获得最终的 signature_sha
        signature_sha = base64.b64encode(signature_sha).decode(encoding='utf-8')
        # 步骤 4 根据以上信息拼接 authorization Base64 编码前（authorization_origin）
的字符串
        authorization_origin = "api_key=\"%s\", algorithm=\"%s\", headers=
\"%s\", signature=\"%s\"" % (
            self.APIKey, "hmac-sha256", "host date request-line", signature_sha)
        # 步骤 5 对 authorization_origin 进行 Base64 编码，获得最终的 authorization 参数
        authorization = base64.b64encode(authorization_origin.encode
('utf-8')).decode(encoding='utf-8')
```

将请求的鉴权参数 1、2 及 host 组合为字典

```
        v = {
            "authorization": authorization,
            "date": date,
            "host": "ws-api.xfyun.cn"
        }
        # 请求地址
        url = 'wss://ws-api.xfyun.cn/v2/igr'
```

在请求地址后面加上鉴权相关参数（拼接鉴权参数），生成鉴权 url

```
        url = url + '?' + urlencode(v)
        return url
```

（3）定义函数 data_send，用于处理音频数据的发送，关键代码如下：

```
def data_send(ws, file, commonargs, businessargs):
    frameSize = 5000    # 每一帧的音频大小
    intervel = 0.04     # 发送音频间隔（单位:s）  ← 音频读取相关参数
    status = STATUS_FIRST_FRAME  # 音频的状态信息，标识音频是第一帧，还是中间帧、最后一帧
    # 业务数据流参数
    data_format = "audio/L16;rate=16000"  # 音频的采样率支持 16kHz 和 8kHz，8kHz 音
频：audio/L16;rate=8000
    data_encoding = "raw"  # 音频数据格式，lame: Mp3 格式  raw: 原生音频（支持单声道的
PCM、WAV）  ← 实验采用 WAV 格式
```

```
with open(file, "rb") as fp:    ← 读取音频
    while True:
        buf = fp.read(frameSize)
        # 文件结束
        if not buf:
            status = STATUS_LAST_FRAME
        # 第一帧处理
        # 发送第一帧音频，带 business 参数
        # 必须带上 APPID，只需发送第一帧
        if status == STATUS_FIRST_FRAME:
            d = {"common": commonargs,  # 公共参数 APPID
                "business": businessargs,
                "data": {"status": 0,  # 音频的状态 0 :第一帧音频
                        "format": data_format,
                        "audio": str(base64.b64encode(buf), 'utf-8'),  # 音频
内容，采用 Base64 编码
                        "encoding": data_encoding
                        }
                }
            d = json.dumps(d)  # 将请求数据转化为字符串
            ws.send(d)  # 发送数据
            status = STATUS_CONTINUE_FRAME
        # 中间帧处理
        elif status == STATUS_CONTINUE_FRAME:
            d = {"data": {"status": 1,  # 音频的状态 1 :中间的音频
                        "format": data_format,
                        "audio": str(base64.b64encode(buf), 'utf-8'),
                        "encoding": data_encoding
                        }
                }
            ws.send(json.dumps(d))
        # 最后一帧处理
        elif status == STATUS_LAST_FRAME:
            d = {"data": {"status": 2,  # 音频的状态 2 :最后一帧音频，最后一帧必须
要发送
                        "format": data_format,
                        "audio": str(base64.b64encode(buf), 'utf-8'),
                        "encoding": data_encoding
                        }
                }
            ws.send(json.dumps(d))
            time.sleep(1)
            break
```

```
        # 模拟音频采样间隔
        time.sleep(interval)
   ws.close()  # 关闭 Websocket
```

（4）定义函数 data_write，用于处理文本数据的接收，关键代码如下：

```
def  data_write(message, age_data, gender_data):
    try:
        code = json.loads(message)["code"]  # 返回码，0 表示成功，其他表示异常
        sid = json.loads(message)["sid"]  # 本次会话的 ID，只在握手成功后第一帧请求时返回
        if code != 0:
            errMsg = json.loads(message)["message"]
            print("sid:%s call error:%s code is:%s" % (sid, errMsg, code))


        else:
            age_data.append(json.loads(message)["data"]["result"]["age"])
            gender_data.append(json.loads(message)["data"]["result"]["gender"])
    except Exception as e:
        print("接收消息，但解析异常:", e)
```

（5）定义 Websocket 接口所需的调用对象（函数），用于语音识别性别年龄 Websocket 接口的调用，具体如下。

① 对象 on_open，在建立 Websocket 握手时调用的对象，只有一个参数，就是该类本身，直接调用处理音频数据发送的函数 data_send()，关键代码如下：

```
    def  on_open(ws):  # 连接到服务器之后就会触发 on_open 事件
        def  run(*args):
            data_send(ws, wsParam.AudioFile, wsParam.CommonArgs, wsParam.BusinessArgs)
        thread.start_new_thread(run, ())  # 产生新线程
```

② 对象 on_message，这个对象在接收到服务器端返回的消息时调用，有两个参数，一个是该类本身，另一个是从服务器端获取的字符串，直接调用处理文本数据接收的函数 data_write()，关键代码如下：

```
#收到 Websocket 消息的处理，解析服务器端返回的 JSON 数据
    def  on_message(ws, message):
        data_write(message, age_data, gender_data)
```

③ 对象 on_error，这个对象在遇到错误时调用，有两个参数，一个是该类本身，另一个是异常对象，关键代码如下：

```
#收到 Websocket 错误的处理
def  on_error(ws, error):  # Websocket 报错时，就会触发 on_error 事件
    print("错误信息:", error)
```

④ 对象 on_close，这个对象在遇到连接关闭的情况时调用，参数只有一个，就是该类本身，关键代码如下：

```
def on_close(ws):  # Websocket 关闭时，就会触发 on_close 事件
    print("websocket 连接关闭")
```

⑤ 定义用于获取识别结果的函数 age_gender_api_get_result()，处理流程如下。

a. 实例化 Websocket 参数类。

b. 向服务器端发送 Websocket 协议握手请求。

c. 握手成功后，客户端通过 Websocket 连接同时上传和接收数据。

d. 接收到服务器端的结果全部返回标志后，断开 Websocket 连接。

关键代码如下：

```
def age_gender_api_get_result(APPID, APIKey, APISecret, filename):
    # 实例化 Websocket 参数类
    wsParam = Ws_Param(APPID=APPID,
                       APIKey=APIKey,
                       APISecret=APISecret,
                       AudioFile=filename)
    wsUrl = wsParam.create_url()  # 获取鉴权 url

    # 收到 Websocket 消息的处理：把服务器端返回的 JSON 数据进行解析
    def on_message(ws, message):
        data_write(message, age_data, gender_data)
    # 建立 Websocket 连接，将客户端的数据发送给服务端
    def on_open(ws):  # 连接到服务器后会触发 on_open 事件
        def run(*args):
            data_send(ws, wsParam.AudioFile, wsParam.CommonArgs,
                      wsParam.BusinessArgs)
        thread.start_new_thread(run, ())  # 产生新线程
    # 向服务器端发送 Websocket 协议握手请求
    # 握手成功后，客户端通过 Websocket 连接同时上传和接收数据
    # 接收到服务器端的结果全部返回标志后，断开 Websocket 连接
    websocket.enableTrace(False)  # 调试关闭
    ws = websocket.WebSocketApp(wsUrl,
                                on_open=on_open,
                                on_message=on_message,
                                on_error=on_error,
                                on_close=on_close)
    ws.run_forever(sslopt={"cert_reqs": ssl.CERT_NONE})  # CERT_NONE 禁用 SSL 证
书验证
    return age_data, gender_data
```

由于 on_open() 函数只能有一个参数，且需调用 Websocket 实例中的参数，故将函数放在此处

任务实施

实现基于讯飞开放平台的语音识别性别年龄。

操作准备

在讯飞开放平台下载示例音频到本地。

工作流程

（1）注册和登录人工智能开放平台，熟悉平台功能；创建应用，获得服务接口认证信息。
（2）从平台下载示例音频，理解程序语句功能；在本地环境运行示例音频，得到识别结果。
（3）完成拓展任务。

操作步骤

1. 语音识别性别年龄的流程及代码框架构建

本实验为了直观可视化，采用页面展示，使用 Flask 轻量级 Web 框架进行页面可视化操作，提供的工程目录结构如图 3-25 所示。

图 3-25　工程目录结构

实验采用前后端分离的思想，将文件分为前端、后端代码部分，其中 templates 为前端部分，用于存放 html 模板文件；static 为前端部分，主要是一些图文资源和静态文件，用来渲染模板；age_gender_api_helper.py 为后端代码部分，用于调用讯飞开放平台语音识别性别年龄服务接口进行语音识别性别年龄处理的模块；age_gender_recognition_app.py 为后端代码部分，使用 Python Flask 来实现，代码部分用来处理前后端的连接、后端逻辑功能实现等。

其中后端代码文件 age_gender_recognition_app.py 是本实验的重点部分，主要调用 age_gender_api_helper.py 中的语音识别性别年龄服务接口模块，用于识别示例音频中说话人的性别年龄及返回结果的解析；前端文件 home.html 主要用于页面设计，利用 jinjia2 模板引擎接收后端路由中返回的参数，实现流程如图 3-26 所示。

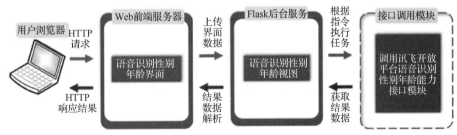

图 3-26　开放接口调用流程

直接导入语音识别性别年龄服务接口模块和 Flask Web 框架库，给出讯飞开放平台语音识别性别年龄服务接口相关信息及性别年龄类别字典关系，部分参考代码如下：

```
# 导入 age_gender_api_helper.py 中调用讯飞开放平台接口的语音识别性别年龄模块
from age_gender_api_helper import age_gender_api_get_result
from flask import Flask, render_template, request   # 导入 flask web 框架依赖的模块

# 讯飞开放平台相关信息
APPID = 'XXX'   # 到控制台语音扩展页面获取
APIKey = 'XXX'   # 到控制台语音扩展页面获取
APISecret = 'XXX'   # 注意不要与 APIkey 写反

# 年龄和性别的类别字典关系
age_label = {'0': '中年(12~40岁)', '1': '儿童（0~12岁）', '2': '老年（40岁以上）'}
gender_label = {'0': '女性', '1': '男性'}
```

2. 调用模块，获取语音识别性别年龄结果

采用 Flask Web 框架来实现，代码框架如下：

```
app = Flask(__name__)                         # 创建程序实例
@app.route(url, methods= ' ' )                # 定义路由、链接 url 和接收方法
    def view_func():                          # 定义与路由相对应的视图函数
    语音识别性别年龄服务接口模块调用处理部分
    return 返回值
```

其中，语音识别性别年龄服务接口模块调用处理的流程如图 3-27 所示。

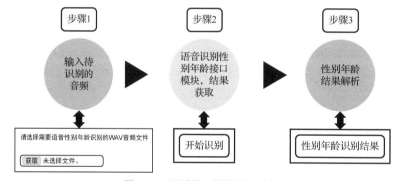

图 3-27　开放接口调用处理流程

对应图 3-27 中的 3 个步骤，步骤 1 部分代码如下：

```
app = Flask(__name__)   # 创建程序实例
@app.route('/', methods=['GET', 'POST'])
def age_gender_recognition():
    if request.method == 'GET':
        return render_template('home.html', age_result={}, gender_result={})

    file = request.files.get('file')   # 获取页面上传的音频文件   ←——— 步骤1
    if not file:
```

```
        return render_template('home.html', age_result={}, gender_result={})
    filename = file.filename  # 获取文件名
    file.save(filename)  # 将文件写入磁盘
    age_data, gender_data = \
        age_gender_api_get_result(APPID, APIKey, APISecret, filename)    # 调用语
音识别年龄性别服务接口模块并获取结果  ◄──── 步骤2
    age_result = age_label[age_data[0]['age_type']]    # 年龄结果解析  ◄──── 步骤3
    gender_result = gender_label[gender_data[0]['gender_type']]    # 性别结果解析
    return render_template('home.html', age_result=age_result,
                           gender_result=gender_result)
```

上述步骤中出现的"home.html"文件，该文件用于可视化语音识别性别年龄过程，包括上传语音文件操作，语音识别性别年龄和解析后的结果输出展示。由于前端代码不是本实验的重点部分，因此此处对 home.html 文件代码（部分如下）不做具体介绍，可参看 templates 文件夹下的 home.html 文件，代码如下：

```
<--上传文件-->
<form  action="/" method="POST" id="upload" enctype="multipart/form-data">
    <h2>请选择需要语音性别年龄识别的 WAV 音频文件</h2>
    <br/>
    <input type="file" name="file" id="pic" accept=".wav" class="buttons1"
required>
    <input type="submit" value="开始识别" onclick="uploadpic()" class="buttons2">
    <span class."showUrl"></span>
    <img src="" class="showpic" alt="">
</form>
<div style="..."></div>
```

3. 实现接口调用，获取语音识别性别年龄结果

启动服务，代码如下：

```
if __name__ == '__main__':
    app.run(debug=True)
```

在本地环境右击"Run age_gender_recognition_app"，启动服务后，会进入轮询等待并处理请求，轮询会一直运行，直到程序结束（按【Ctrl+C】组合键），如图 3-28 所示。

图 3-28　程序运行结果截图

4. 运行程序

单击或复制 http://127.0.0.1:5000/到浏览器窗口的地址栏中，按 Enter 键，出现如图 3-29 所示界面。

5. 结果演示

识别结果演示如图 3-29 所示。

图 3-29　识别结果演示

6. 评价结果说明

从上述输出的语音识别性别年龄结果可以看出：

（1）语音识别性别年龄方法能够较好地识别出说话人的性别和年龄。

（2）建议上传的音频中说话人连续发音时间持续 5s 左右，音频太短会影响识别效果。

任务评价

本任务的评价表如表 3-11 所示。

表 3-11　任务评价表

任务评价表				
单元名称		任务名称		
班级		姓名		
评价维度	评价指标	评价主体		分值
		自我评价	教师评价	
知识目标达成度	理解语音识别接口			10
	理解讯飞开放平台使用流程			10
	掌握语音识别服务接口调用处理流程			10
能力目标达成度	能够熟练获取讯飞开放平台的服务接口信息			10
	能够正确调用平台接口			10
	能够基于开放平台完成性别年龄识别任务			10
素质目标达成度	具备良好的工程实践素养			10
	善于发现问题、解决问题			10
	具备严谨认真、精益求精的工作态度			10

续表

评价维度	评价指标	评价主体		分值
		自我评价	教师评价	
团队合作达成度	团队贡献度			5
	团队合作配合度			5
总达成度=自我评价×50%+教师评价×50%				100

习题

1. 描述语音识别的概念及其应用场景。
2. 描述语音识别的技术框架。
3. 说明基于 TensorFlow 实现语音识别的关键步骤。
4. 描述基于讯飞开放平台实现语音识别的关键步骤。

单元 4　声纹识别技术应用

学习目标

- 通过本单元的学习，学生能够了解声纹识别概念、声纹识别流程、声纹识别实战的相关知识，理解其中关键技术。
- 培养学生能够熟练使用开放平台、开发工具、Flask 框架、声纹识别接口等，能够开发声纹识别的系统。
- 培养学生民族自豪感、专业自豪感、公平公正的职业态度和精益求精的工匠精神。

任务 4.1　了解声纹识别的技术框架

任务情境

在智能家居系统中，语音识别由于其便利性和非接触性得到广泛应用，如门禁、照明、空调及其他家电设备的管理控制。为了保障户主的隐私保密性及家居设备使用场景的安全性和智能性，往往需要设置身份认证和家居设备的分级权限响应机制。例如，访客访问系统，先验证身份再做出回应，可以减少麻烦；有的智能设备则需要设置使用权限，只有特定用户才可以使用，以避免因使用不当造成隐患，如门窗或有使用风险的设备；还有的设备应当具备因人而异的智能性，对不同用户做出不同反应，如空调等每个人使用习惯不同的设备。

声纹识别与语音控制相结合，有效地解决了智能家居系统使用中身份认证的问题，既具有便利性（语音获取方便自然、语音指令简单方便记忆），又具有经济性（拾音装置价格便宜），优于其他的生物特征识别技术。

任务布置

了解声纹识别
的技术框架

1. 理解声纹识别的内涵及声纹识别的关键技术。
2. 能区分声纹识别的类别和应用。
3. 能够理解语音异常对声纹识别的影响。
4. 能运行简单的声纹识别案例。

知识准备

4.1.1　声纹识别的内涵

1. 什么是声纹

声纹是一种包含了能够反映说话人语音特点的参数模型的总称。声纹的个性特征主要由以下两个因素决定。

（1）声腔特征。声腔包括咽喉、鼻腔和口腔等，这些器官的形状、尺寸和位置决定了声带张力的大小和声音频率的范围。由于每个人的声腔不同，每个人的声音也就具有了独有的特征，如同指纹一样。

（2）发声方式。发音器官包括唇、齿、舌、软腭及腭肌肉等，它们之间相互作用就会产生清晰的语音。人在学习说话的过程中，通过模拟周围不同人的说话方式来进行发声，形成了声纹特征。

从数字语音分析的角度看，声纹是用电声学仪器显示的携带声音信息的声波频谱，是由波长、频率及强度等百余种特征维度组成的生物特征，具有稳定性、可测量性、唯一性等特点。

2. 什么是声纹识别

声纹识别，也叫说话人识别，是通过辨析声音这一生物特征的特性来达到对说话人身份进行验证的目的。从技术角度看，它是指通过某些声音录取设备对用户的声音信息进行采集，将采集到的数据通过计算机等设备进行建模、计算和分析，并以此作为用户"识别凭证"的生物识别技术。

（1）声纹识别为什么是可行的？

声道发出的声音，不仅能反映文本语义信息，还能反映出说话人的语种、情绪、健康、籍贯、性别及年龄等副语言信息。人在说话时，由于声带的震动引起声门产生脉冲，这些脉冲经过由喉咙、鼻腔、口腔和嘴唇等器官组成的声道的滤波，便得到了说话的声音，这些声道上的差异都体现在了语音信号中，使得每个人的语音都具有可区分性。每个人都有自己独一无二的发音器官，与其他个体之间存在差异。也就是说，对于相同的发音内容，不同个体发出的声音是可区分的。因此，语音天然具有身份标志，利用语音进行说话人识别（声纹识别）是可行的。

（2）声纹识别的缺陷。

声纹识别对语音质量，或说话人所处环境较敏感。当在噪声较大的环境里进行语音采集时，声纹识别可能失败，导致错误识别或识别不通过。

3. 声纹识别的分类

声纹识别通常有三种分类方法，如图 4-1 所示。

（1）声纹辨认和声纹确认。

根据声纹识别任务不同分为声纹辨认和声纹确认，二者的

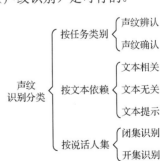

图 4-1　声纹识别的分类方法

区别如图 4-2 所示。

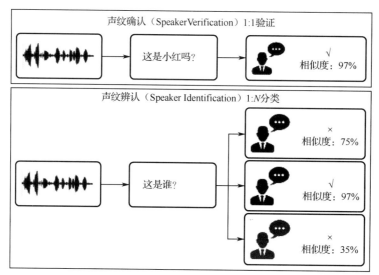

图 4-2　声纹辨认和声纹确认

声纹辨认，也叫说话人辨识，是一种身份识别形式，是指输入一段待识别者的语音信号与数据库中众多说话人的语音进行模型匹配，并对匹配结果进行打分，以此来确定待识别者是众多说话人中的哪个人，是一对多的形式。

声纹确认，也叫说话人确认，是模型匹配的一种形式，输入一段待识别者的语音信号，通过这段语音信号与数据库中某一个人的语音进行匹配，根据匹配结果来判断此待识别者是否为其宣称的那个人，是一对一的形式。

声纹识别的两个任务类别对应不同的评价指标。声纹辨认可以看作一个多分类任务，评价指标是准确率（Accuracy），该指标越高表示系统性能越好。而声纹确认是一个二分类任务，评价指标是等错误率（Equal Error Rate，EER），该指标越低表示系统性能越高。

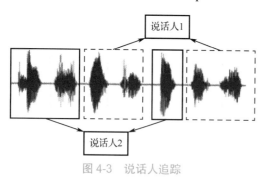

图 4-3　说话人追踪

还有一种延伸的应用，叫作说话人追踪，是指输入一段两人或两人以上的对话语音信号，以不同的说话人为依据，对语音信号进行分割，并将说话人的对应所有语音段进行分类，可以简单地看作对语音段的分割再分类，如图 4-3 所示。

（2）文本相关、文本无关和文本提示。

根据声纹识别过程中对文本的依赖程度，可以将声纹识别分为文本相关、文本无关和文本提示三种类型。

文本相关意味着在说话人识别系统中使用的训练语音和测试语音的内容取决于预先指定的文本，待识别者一定要说出和系统提示文本一致的内容才能进行后续判定。文本无关则意味着在说话人识别系统中说话人所说的内容不受限制，待识别者可以通过说任何词语组合的句子进行后续的判定。文本提示是前两种形式的折中，指的是说话人识别系统中的文本信息来自于由几个单词组成的有限集合库，每条文本都是由文本库中若干个单词进行任意组合的结果。

文本相关的声纹识别因为文本固定，所以匹配的精度也是最高的，但是其缺点是固定认证文本内容使得被他人窃取的概率变大，同时一成不变的文本内容让用户体验变差。

文本无关的声纹识别虽然在一定程度上提升了用户体验，并且可以防止他人窃取认证文本内容，但是由于认证文本不固定，所以在识别精度上会有一定的损失。

文本提示的声纹识别，指的是每次待识别者说出的句子文本来源于有限语料库的随机组合，如 0～9 十个数字中任意 5 个数字的随机组合，既可以防止认证文本信息被他人窃取，保证密钥的随机性，同时又能在一定程度上保证待识别者的口令来自于限定领域，从而保证说话人识别系统的识别精度。

（3）闭集识别和开集识别。

根据输入的测试语音所对应的说话人是否已出现在训练数据集中，可以将其分为闭集识别和开集识别。

闭集识别指在训练数据集中存在与待识别的说话人相同的数据。

开集识别指在测试语音中存在不仅限于训练数据集中已存在的说话人语音数据。

4. 声纹识别的应用

在科技飞速发展的全球互联时代，网上支付、智能家居、智能手机的普及等使得人们在生活中需要更加频繁地进行身份认证。目前，声纹识别技术已成为身份认证的主流技术之一，与其他身份认证技术相比，声纹识别技术有着无与伦比的优势，被应用于人们日常生活的众多领域中。例如，在安全防护领域，可以通过建立说话人模型库进行说话人的鉴定、核验，以及防范合成语音攻击等，并且可以帮助人们进行反电信诈骗和走失儿童的找寻。在互联网金融领域，声纹识别技术可以进行线上客服身份核验、线上金融业务办理，金融防欺诈，帮助客服人员对来电客户进行身份识别。还可以在移动端、PC 等多终端验证身份，为用户提供更加舒适便捷的感受。在民生领域，声纹识别技术可以有效地降低考勤成本，并能有效防止代打卡现象。声纹识别技术与智能家居结合，可以通过声音享受智能化的家居生活体验，如家用电器便捷操作等。除此之外，还可以通过语音精灵在智能汽车中提升用户操作的安全性与便捷性。由此可见，在日常生活的方方面面，声纹识别技术都可以为人们提供一种舒适、智能、安全与便捷的生活体验。加强声纹识别性能的研究具有广泛的应用前景。

商用的声纹识别系统于 20 世纪 80 年代问世，于 20 世纪 90 年代走向实际应用，如苹果公司在 Mac OS 9 中植入了 Voice Print Password 功能，用于计算机用户的身份认证；AT&T 公司开发了基于 Voicemail 的集成管理系统。此外，常见的声纹识别应用产品还有 ITT Industries 公司的 SpeakerKey、ImagineNation 公司的 VoiceActive Unlock Technology、T-NETIX 公司的 SpeakerEZ、Keyware Technologies 公司的 VoiceGuardian 和 S2 Security Server 等。

4.1.2　声纹识别的一般流程和关键技术

1. 声纹识别的一般流程

声纹识别的一般流程如图 4-4 所示，整个流程分为两个部分。

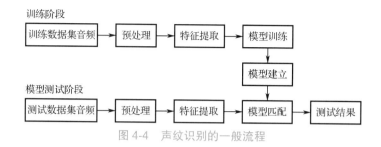

图 4-4　声纹识别的一般流程

在训练阶段，第一步是对准备好的训练数据集音频进行预处理，这一过程主要是特征提取阶段的准备阶段，目的是在特征提取阶段能够提取更丰富的音频特征信息。第二步是特征提取，通过相应的提取方法来提取语音信号中的个性特征。第三步是进行模型训练，构建所有说话人的声学模型。

在模型测试阶段，首先在提取说话人的特征信息后与训练好的声学模型进行匹配，其次根据相关的算法进行判决，最后输出识别样本的测试结果。在整个说话人识别系统中，特征提取阶段和模型训练是影响识别结果的关键因素。

2. 关键技术

（1）特征提取。

说话人识别之所以可行，是因为人发出的语音中蕴含着能够标示个人身份的特征信息，因此，提取语音中的个人身份特征信息是声纹识别系统的关键技术之一。

（2）预处理。

语音中的成分非常复杂，除了文本信息和说话人信息，一段语音信号中还往往包含大量的停顿（静音段）及噪声干扰等，所以在特征提取之前，要对语音信号进行预处理，以便更准确地提取语音信号中的特征信息。

其中，语音增强是语音预处理中的关键步骤，其目的是从带噪语音信号中提取尽可能纯净的语音信号，降低噪声影响，同时突出说话人特征信息。那么，为什么要进行语音增强呢？这是因为，声纹识别系统在无噪声干扰时可以取得较高识别率，但是当环境噪声较大时，语音信号中的说话人特征会被掩盖，导致识别率降低。音频携带噪声越大，则识别效果越差。为了提高声纹识别系统的鲁棒性，使声纹识别系统可以被应用于实际的工作或生活环境中，需要对语音信号进行数据增强处理。

3. 模型训练与模型匹配

声纹识别的常用模型包括高斯混合模型（GMM）、支持向量机（SVM）、隐马尔可夫模型（HMM）、因子分析（JFA）等。随着深度神经网络（DNN）技术的发展，声纹识别进入了深度学习的时代，目前，完全基于神经网络，不依赖于 GMM、HMM 等技术的声纹识别系统成为了业界的主流方法。

DNN 在声纹识别技术中的应用分为间接应用和直接应用两种。间接应用是指将一部分模块用神经网络来替换，整体框架基本不变。直接应用则是将整个声纹识别问题作为一个深度学习的问题来处理，不依赖于传统的 GMM、JFA 等其他方法。

大部分直接用于声纹识别技术的神经网络可以用如图 4-5 所示的架构进行设计。

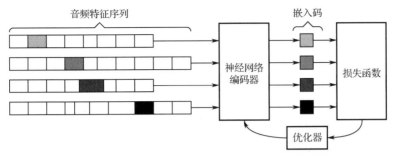

图 4-5　基于深度学习的声纹识别 DNN 架构设计图

图 4-5 左侧为长度不一的各个音频特征序列，这些序列可以来自不同的说话人。每段音频特征序列经过神经网络编码器后，得到一个固定长度的嵌入码（Embedding）。所以，该神经网络编码器也常被称作声纹编码器（Speaker Encoder）。运行时的推理逻辑，指的是从音频特征序列中得到嵌入码的过程。根据这些嵌入码及每段音频特征序列所对应的真实说话人，可以计算出某个用以衡量嵌入码性能的损失函数。在说话人识别的模型训练过程中，可以用 SGD、Adam Optimizer 等优化方法对损失函数进行迭代更新，从而更新神经网络编码器的权重参数，直至其损失函数达到收敛为止。

4. 声纹识别与语音识别、音频技术的关系

在学科分类上，说话人识别技术属于音频信号处理的技术范畴，它与语音信号处理和音频处理技术有着密切的关系。说话人识别技术（声纹识别）与语音信号处理技术（语音识别）、音频信号处理技术（音频技术）的关系，如图 4-6 所示。说话人识别技术源自语音信号处理技术，也得益于语音信号处理技术和音频处理技术的发展。

图 4-6　声纹识别与语音识别、音频技术的关系

声纹辨认与语音辨识技术在处理上有很大的相似之处，即通过对所获取的语音进行预处理，获取特征，进行建模，进行相似匹配判定。但是，它们两个的任务目标不一样，提取的特征和建立模型的过程不同。声纹识别，是分类找出可以差异化每个人的属性特征；而语音识别，则是对说话人的语义内容进行建模识别，在大多数情况下，不会关心说话人的身份，且需要做到对不同说话人声音的鲁棒性（指语音识别不会因说话人改变而出现识别性能下降的情况）。而声纹识别技术，特别是文本无关的声纹识别技术，恰恰相反，需要在不同的文本内容中，准确地识别出说话人的身份。

所以，语音识别与声纹识别，在一定的程度上，可以理解为两个相互"正交"的问题。语音识别希望从语音信号中过滤掉与说话人身份相关的信息，只提取语义文本内容信息；声纹识别希望从语音信号中过滤掉与文本相关的信息，只提取说话人的身份信息。

5. 非常态语音

引起非常态现象的因素相当多，如病变、情绪激动等都可能引起语音异常。

（1）生理异常。

说话人生理的变化也会引起语音的异常，如反胃酸、咽喉炎、声带发炎、鼻塞、感冒、

醉酒等。

（2）心理异常。

由于说话人心理因素的干扰而使其语音发生异常，如高兴、害怕、悲伤、愤怒等。

（3）物理异常

说话人所处环境可能引起语音异常，如直升飞机中、高速行驶的列车或汽车中、噪声较大的工厂中等。

4.1.3　声纹识别系统评价

（1）认识影响声纹识别水平的因素。

训练数据和算法是影响声纹识别水平的两个重要方面。由于深度学习技术的使用大大提升了模式识别的准确度，所以目前声纹识别的精度主要受限于声纹的采集和特征的建立。具体来说，影响声纹识别水平的主要因素如下。

① 说话人声音的易变性。如受年龄、身体状态、情绪等的影响，特定人发出的声音具有不稳定性。

② 语音采集环境的影响。在环境噪声较大或者多人说话的情形下，声纹特征很难正确提取与建模。一般用信噪比来衡量语音的干净程度或环境噪声的干扰程度，信噪比是指一段音频中语音信号与噪声的能量比，如 15dB 以上（基本干净）、6dB（嘈杂）、0dB（非常吵）。信噪比应该越大越好，信噪比越大，说明混在信号里的噪声越小，声纹识别的精度越高。

③ 声源采样率。人类语音的频段集中于 50Hz～8kHz 之间，重点集中在 4kHz 以下频段。根据奈奎斯特采样定理，离散信号覆盖频段为信号采样率的一半，采样率越高，则信息量越大。常用采样率为 8kHz（0～4kHz 频段）和 16kHz（0～8kHz 频段）。

④ 语音信道。不同的采集设备，以及通信过程会引入不同的失真，所以声纹识别算法与模型覆盖的信道越多，鲁棒性越好。常见语音信道有手机麦克风、桌面麦克风、固定电话、移动通信（CDMA、TD-LTE 等）、微信等。

⑤ 语音时长。语音时长（包括注册语音条数）会影响声纹识别的精度，有效语音时长越长，算法得到的数据越多，精度也会越高。一般短语音是指 1～3s 的语音，长语音是指大于 20s 的语音。

⑥ 文本内容。通俗地说，声纹识别系统通过比对两段语音的说话人在相同音素上的发声来判断是否为同一个人，因此当采用固定文本时，声纹识别率高于自由文本。

（2）理解声纹识别系统的评价指标。

声纹识别在算法层面可通过如下基本的技术指标来判断其性能。

① 错误拒绝率（False Rejection Rate，FRR）：在分类问题中，若两个样本为同类（同一个人），却被系统误认为异类（非同一个人），则为错误拒绝案例。错误拒绝率为错误拒绝案例在所有同类匹配案例中的比例。

② 错误接受率（False Acceptance Rate，FAR）：在分类问题中，若两个样本为异类（非同一个人），却被系统误认为同类（同一个人），则为错误接受案例。错误接受率为错误接受案例在所有异类匹配案例中的比例。

③ 等错误率（Equal Error Rate，EER）：调整阈值，使得错误拒绝率等于错误接受率，此时的 FAR 与 FRR 的值称为等错误率。

④ 识别准确率（Accuracy，ACC）：调整阈值，使得 FAR+FRR 最小，1 减去这个值即为识别准确率，即 ACC=1－min(FAR+FRR)。

⑤ 速度：分为提取速度和验证比对速度。提取速度是指提取声纹的速度，与音频时长有关；验证比对速度是指平均每秒钟能进行的声纹比对的次数。

⑥ 阈值：在接受/拒绝二元分类系统中，通常会设定一个阈值，分数超过该值时才做出接受决定。调节阈值可以根据业务需求平衡 FAR 与 FRR。当设定高阈值时，系统做出接受决定的得分要求较为严格，FAR 降低，FRR 升高；当设定低阈值时，系统做出接受决定的得分要求较为宽松，FAR 升高，FRR 降低。在不同应用场景下，调整不同的阈值，则可在安全性和方便性之间平衡。

任务实施

1. 对声纹识别系统进行分类，请填写表 4-1。

表 4-1　声纹识别系统的分类

分 类 依 据	类 别 名 称	类 别 含 义
任务类别		
文本依赖		
说话人集		

2. 填写影响声纹识别系统水平的主要因素，如表 4-2 所示。

表 4-2　影响声纹识别系统水平的主要因素

主要影响因素	影 响 方 式	如 何 改 进

3．填写声纹识别系统的评价指标，如表 4-3 所示。

表 4-3　声纹识别系统的评价指标

指　标　名　称	含　　　义	与其他指标的关系

任务评价

本任务的评价表如表 4-4 所示。

表 4-4　任务评价表

任务评价表				
单元名称		任务名称		
班级		姓名		
评价维度	评价指标	评价主体		分值
		自我评价	教师评价	
知识目标达成度	理解声纹识别的概念			10
	理解声纹识别的一般流程			10
	理解声纹识别的关键技术			10
能力目标达成度	能区分不同类型的声纹识别系统			10
	能描述非常态语音对声纹系统识别率的影响			10
	能评价声纹识别系统的好坏			10
素质目标达成度	具备良好的工程实践素养			10
	善于发现问题、解决问题			10
	具备严谨认真、精益求精的工作态度			10
团队合作达成度	团队贡献度			5
	团队合作配合度			5
总达成度=自我评价×50%+教师评价×50%				100

任务拓展

任务 4.2　基于讯飞开放平台实现声纹识别

任务情境

　　将说话人声纹信息与声纹特征库中的已知用户声纹进行 1∶1 比对验证和 1∶N 的检索，当声纹匹配时即为验证/检索成功。1∶1 模式主要应用场景为实名制场景，如声纹解锁、声纹支付等；而 1∶N 模式则是验证你是谁，应用场景有办公考勤、会议签到等。

　　声纹验证效果演示如图 4-7 至图 4-9 所示。

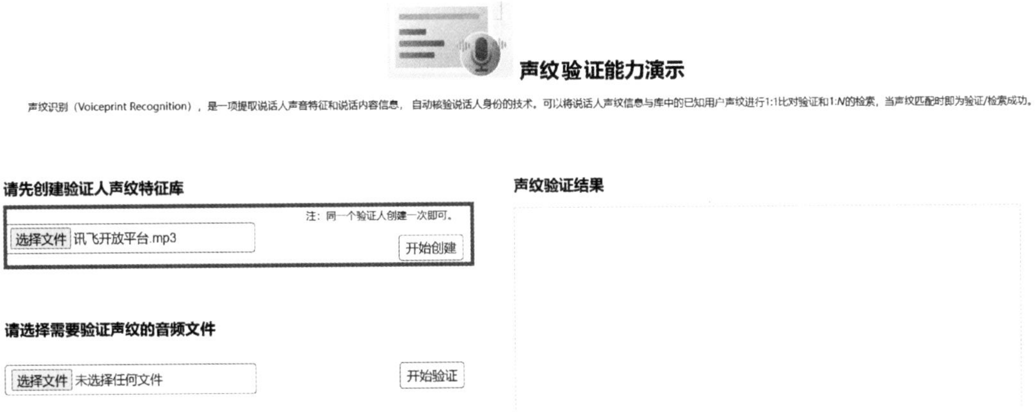

声纹验证能力演示

声纹识别（Voiceprint Recognition），是一项提取说话人声音特征和说话内容信息，自动核验说话人身份的技术。可以将说话人声纹信息与库中的已知用户声纹进行1:1比对验证和1:N的检索，当声纹匹配时即为验证/检索成功。

请先创建验证人声纹特征库　　　　　　　　　　**声纹验证结果**

选择文件 讯飞开放平台.mp3　　注：同一个验证人创建一次即可。

　　　　　　　　　　　　　　　　　　　　开始创建

请选择需要验证声纹的音频文件

选择文件 未选择任何文件　　　　　　开始验证

图 4-7　声纹验证能力演示操作界面

声纹认证能力演示

声纹识别（Voiceprint Recognition），是一项提取说话人声音特征和说话内容信息，自动核验说话人身份的技术。可以将说话人声纹信息与库中的已知用户声纹进行1:1比对验证和1:N的检索，当声纹匹配时即为验证/检索成功。

请先创建验证人声纹特征库　　　　　　　　**声纹验证结果**

选择文件 未选择任何文件　　注：同一个验证人创建一次即可。　　**声纹特征创建成功**

　　　　　　　　　　　　　　开始创建

请选择需要验证声纹的音频文件

选择文件 未选择任何文件　　　　　　开始验证

图 4-8　声纹验证能力演示声纹特征创建成功界面

图 4-9　声纹验证能力演示声纹特征验证成功界面

任务布置

1．了解讯飞开放平台 API 使用方法。
2．熟悉声纹识别流程。
3．完成声纹识别实战。

基于讯飞开放平台的声纹识别

知识准备

4.2.1　基于讯飞开放平台的声纹识别开发框架

依托讯飞自研的声纹识别技术，提供声纹注册和声纹 1∶1、1∶N 比对验证和检索服务，可应用于银行、证券等实名制和安全性要求高的领域或门禁考勤等场景进行辅助验证。如图 4-10 所示为基于 AI 开放平台实现声纹识别的开发框架。

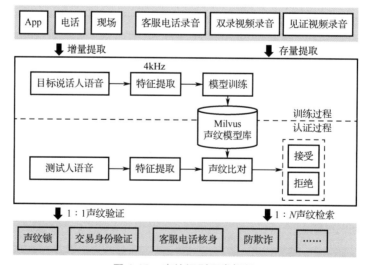

图 4-10　声纹识别开发框架

4.2.2　基于讯飞开放平台的声纹识别流程

本实验中的声纹识别能力接口是在讯飞开放平台上的语音扩展服务下实现的，主要调用 Web 端的接口，用于声纹识别的应用及结果解析。

1. 接口要求

集成声纹识别 API 时，需满足的规定要求如表 4-5 所示。

表 4-5　集成声纹识别 API 的规定要求

内　　容	说　　明
请求协议	http[s]（为提高安全性，强烈推荐 https）
请求地址	在声纹识别 WebAPI 服务接口说明中查询 注：服务器 IP 地址不固定，为保证接口稳定，请勿通过指定 IP 地址的方式调用接口，应使用域名方式调用
请求行	在声纹识别 WebAPI 服务接口说明中查询
接口鉴权	签名机制。在调用业务接口时，请求方需要对请求进行签名，服务器端通过签名来校验请求的合法性
字符编码	UTF-8
响应格式	统一采用 JSON 格式
开发语言	任意，只要可以向讯飞云服务发起 HTTP 请求的均可
适用范围	任意操作系统，但因不支持跨域而不适用于浏览器，请在后端调用接口
音频格式	采样率 16kHz、位长 16bit、单声道的 MP3
音频大小	Base64 编码后大小不超过 4MB，音频内容请尽量保持清晰，且有效帧大于 0.5s（建议使用 3～5s 的音频）

2. 接口调用流程

（1）通过接口密钥基于 HMAC-SHA256 计算签名，将签名及其他参数加在请求地址后面。

（2）将请求参数及图片数据放在 HTTP Request Body 中，以 POST 表单的形式提交。

（3）向服务器端发送 HTTP 请求后，接收服务器端的返回结果。

3. 鉴权认证方法

通过在请求地址后面加上鉴权相关参数的方式，注意影响鉴权结果的值有 url、APISecret、APIKey、date。

鉴权参数如表 4-6 所示。

表 4-6　鉴权参数

参　　数	类　型	必　传	说　　明	示　　例
host	string	是	请求主机	api.xf-yun.com
date	string	是	当前时间戳，RFC1123 格式("EEE, dd MMM yyyy HH:mm:ss z")	Fri, 23 Apr 2021 02: 35:47 GMT
authorization	string	是	使用 Base64 编码的签名相关信息（签名基于 HAMC-SHA256 计算）	参考下方参数生成规则

（1）date 参数生成规则如下。

date 必须是 UTC+0 或 GMT 时区，RFC1123 格式(Fri, 23 Apr 2021 02:35:47 GMT)。服务器端会对 date 进行时钟偏移检查，最大允许 300s 的偏差，超出偏差的请求都将被拒绝。

（2）authorization 参数生成格式如下。

① 获取接口密钥 APIKey 和 APISecret。在讯飞开放平台控制台，创建一个应用后即可获取，均为 32 位字符串。

② 参数 authorization Base64 编码前（authorization_origin）的格式如下：

```
api_key="$api_key",algorithm="hmac-sha256",headers="host date request-line",
signature="$signature"
```

其中，api_key 是在控制台获取的 APIKey；algorithm 是加密算法（仅支持 HMAC-SHA256）；headers 是参与签名的参数，指固定的参数名（"host date request-line"），而非这些参数的值；signature 是使用加密算法对参与签名的参数签名后并使用 Base64 编码的字符串，详见下方。

③ signature 的原始字段（signature_origin）规则如下。

signature 原始字段由 host、date、request-line 三个参数按照格式拼接而成，拼接的格式如下（\n 为换行符，:后面有一个空格）：

```
host: $host\ndate: $date\n$request-line
```

假设请求为：

```
url = "https://api.xf-yun.com/v1/private/s782b4996"
date = "Fri, 23 Apr 2021 02:35:47 GMT"
```

那么 signature 原始字段（signature_origin）为：

```
host: api.xf-yun.com
date: Fri, 23 Apr 2021 02:35:47 GMT
POST /v1/private/s782b4996 HTTP/1.1
```

④ 使用 HMAC-SHA256 算法结合 apiSecret 对 signature_origin 签名，获得签名后的摘要 signature_sha 的格式如下：

```
signature_sha=hmac-sha256(signature_origin,$apiSecret)
```

其中 apiSecret 是在控制台获取的 APISecret。

⑤ 使用 Base64 编码对 signature_sha 进行编码获得最终的 signature：

```
signature=base64(signature_sha)
```

假设：

```
APISecret = "apisecretXXXXXXXXXXXXXXXXXXXXXXXX"
date = "Fri, 23 Apr 2021 02:35:47 GMT"
```

则 signature 为：

```
signature="1jwQbIAKmQE7JwIH0IDxiC1pejrlN+VpHXDWOFVy5NM="
```

⑥ 根据以上信息拼接 authorization Base64 编码前（authorization_origin）的字符串，示例如下：

```
api_key="apikeyXXXXXXXXXXXXXXXXXXXXXXXXXXXXX",algorithm="hmac-sha256",headers=
"host date request-line", signature="1jwQbIAKmQE7JwIH0IDxiC1pejrlN+ VpHXDWOFVy5NM="
```

⑦ 对 authorization_origin 进行 Base64 编码获得最终的 authorization 参数：

```
authorization = base64(authorization_origin)
```

示例结果为：

```
authorization=YXBpX2tleT0iYXBpa2V5WFhYWFhYWFhYWFhYWFhYWFhYWFhYWFgiLC
BhbGdvcml0aG09ImhtYWMtc2hhMjU2IiwgaGVhZGVycz0iaG9zdCBkYXRlIHJlcXVlc3QtbGluZS
IsIHNpZ25hdHVyZT0iMWp3UWJJQUttUUU3SndJSDBJRHhpQzFwZWpybE4rVnBIWERXT0ZWeTVOTT0i
```

4. 鉴权结果

如果鉴权失败，则根据不同错误类型返回不同 HTTP Code 状态码，同时携带错误描述信息，详细错误说明如表 4-7 所示。

表 4-7　错误说明

HTTP Code	说　明	错误描述信息	解　决　方　法
401	缺少 authorization 参数	{"message":"Unauthorized"}	检查是否有 authorization 参数
401	签名参数解析失败	{"message":"HMAC signature cannot be verified"}	检查签名的各个参数是否有缺失，是否正确，特别确认复制的 api_key 是否正确
401	签名校验失败	{"message":"HMAC signature does not match"}	签名校验失败，可能原因有很多 1. 检查 api_key、api_secret 是否正确 2. 检查计算签名的参数 host、date、request-line 是否按照协议要求拼接 3. 检查 signature 签名的 Base64 长度是否正常（正常为 44 个字节）
403	时钟偏移校验失败	{"message":"HMAC signature cannot be verified, a valid date or x-date header is required for HMAC Authentication"}	检查服务器时间是否标准，若相差 5min 以上会提示此错误

时钟偏移校验失败示例：

```
HTTP/1.1 403 Forbidden
Date: Mon, 30 Nov 2020 02:34:33 GMT
Content-Length: 116
Content-Type: text/plain; charset=utf-8
{
```

```
    "message": "HMAC signature does not match, a valid date or x-date header
is required for HMAC Authentication"
    }
```

任务实施

开发一个声纹识别系统。

操作准备

登录讯飞开放平台，参照单元 3 中 3.1 节的任务实施，创建新应用。

应用创建完成后，可以通过左侧的服务列表，选择要使用的服务。在语音扩展选项下，选择声纹识别服务，开通声纹识别免费试用服务，如图 4-11 所示。

图 4-11　声纹识别服务开通页面

工作流程

1. 获取 API 接口，体验测试

在服务管理面板，可以查看具体的 WebAPI 调用接口地址。单击文档，可以查阅接口说明、接口 Demo（可单击下载调用示例）、接口要求、接口调用流程。单击调用示例，下载所需语言的 Demo，解压 Demo 文件，操作步骤如图 4-12 所示。

图 4-12　Demo 获取步骤

2．调用声纹识别 API

（1）定位讯飞开放平台上的语音扩展服务，选择声纹识别选项，如图 4-13 所示。获取声纹识别服务接口认证信息，如图 4-14 所示。

图 4-13　声纹识别选项　　　　　图 4-14　服务接口认证信息

（2）获取声纹识别 API 接口地址，接口地址可在图 4-12 中的文档中查询。查看对应的接口文档。

（3）下载调用示例，选择 Python 语言版。示例代码如图 4-15 所示。

3. 程序框架及代码说明

（1）为了直观可视化，采用页面展示声纹识别的过程，使用 Flask 轻量级 Web 框架进行页面可视化操作。工程目录结构如图 4-16 所示。

图 4-15　示例代码 　　　　　　图 4-16　工程目录结构

图 4-16 中 vocalprint_verify_app.py 为后端代码部分（重点部分），主要调用 general_request.py 中的接口模块，用于音频的声纹识别及返回结果的解析。

（2）导入声纹识别接口调用模块和库，代码如下：

```
from flask import Flask,render_template,request  #导入 Flask Web 框架依赖的模块
from general_request import Gen_reg_url  #导入 general_request.py 中调用讯飞
开放平台接口的声纹识别模块
```

讯飞开放平台声纹识别接口相关信息如下，代码中"XXX"请用读者自己申请的账号：

```
APIname ="searchScoreFea"
APPId ="XXX"
APISecret="XXX"
APIKey= "XXX"
file='示例音频/讯飞开放平台.mp3"
```

（3）采用 Flask Web 框架实现的步骤如下：

• 创建程序实例。

```
app=Flask(_name_)
```

• 定义路由、链接 url 和接收方法。

```
@app.route(url,method='')
```

• 定义与路由相对应的视图函数。

```
def view_func():
```

· 调用声纹识别接口模块。

```
def speech_evaluation():
```

代码如下：

```
app = Flask(__name__)                           # 创建程序实例
@app.route("/",methods=['GET',"POST'])
def speech_evaluation():
if request.method == 'GET':
return render_template('home.html', result={})
category = request.form['category']         # 获取创建声纹还是验证声纹
file =request.files.get("file")             # 获取文件
if category ='create_Vocal":                # 创建声纹库
APIname ="createGroup"
gen =Gen_req_url(APIname, APPId,APISecret,APIKey,file);
result = gen.req url()
APIname ="createFeature"
gen =Gen_req_url(APIname,APPId, APIsecret, APIKey, file);
result =gen.req url()
if result["header"]["message"]=='success':
result="声纹特征创建成功"
return render_template("home.html",result=result)
if category =='check Vocal":                # 创建声纹库
APIname ="searchScoreFea"
gen = Gen_req_url(APIname, APpId, APIsecret, APIKey, file);
result =gen.req_url()
if result['header']['message']=='success':
result="声纹特征验证成功"
return render_template("home.html", result=result)
if not file:
return render_template("home.html',result={})
```

（4）前端页面代码文件如下：

```
if request.method == 'GET:
return render_template( "home.html",result={})
```

前端页面代码文件用于可视化声纹识别过程，包括音频文件上传操作、解析后的结果输出展示。前端页面代码不是本实验的重点部分，对 home.html 文件代码不做具体介绍，可参看 tcmplates 文件夹下的 home.html 文件：

（5）创建声纹库及声纹音频，代码如下：

```
<form action="/" method="POST" id="uploadVocal enctype="multipart/form- data">
<!-- 创律声纹库及声纹音频-->
<h2>请先创建验证人声纹特征库</h2>
```

注：同一个验证人创建一次即可。

```
<input type="hidden" name="category" value="create Vocal">
<input type="file" name="file" id="pic2" accept=".mp3" class-"buttons1" required>
<input type="submit" value=" 开 始 创 建 " onclick="uploadVocal()" class= "buttons2">
</form>
```

（6）上传需要验证声纹的音频文件，代码如下：

```
<form action="/" method="POST" id="upload" enctype="multipart/form- data">
<!--上传需要验证声纹的音频文件-->
<n2>请选择需要验证声纹的音频文件</n2>
<input type="hidden" name="category" value-="check_Vocal">
<input type="file" name="file" id="pic" accept=".mp3"class="buttons1"required>
<input type="submit" value="开始验证" onclick="uploadPic()" class="buttons2">
<span class="showUrl"></span>
<img src="" class="showpic" alt="">
</form>
```

（7）解析后的结果输出展示（部分）代码如下：

```
<div style="width:48%;float:left"><h2>声纹验证结果</h2>
<div style="border:1px solid #ddd;min-height: 400px;padding: 8px;">
{% if result %}
<h3 style="font-size:20px"> {{result}}</h3>
{% endif %}
</div>
<div style="..."></div>
</div>
```

（8）启动服务。代码如下：

```
if __name__ == "__main__":
app.run(debug=True)
```

（9）运行命令。

用鼠标右键单击"Run speech_evaluation_app"文件，单击"运行"命令，运行输出结果如图 4-17 所示。

```
* Running on http://127.0.0.1:5000/ (Press CTRL+C to quit)
```

图 4-17　运行输出结果

单击图 4-17 中链接或复制 http://127.0.0.1:5000/到浏览器页面地址栏中，打开网址，在界面中进行测试，运行结果如图 4-18 所示。

声纹验证能力演示

声纹识别（Voiceprint Recognition），是一项提取说话人声音特征和说话内容信息，自动核验说话人身份的技术。可以将说话人声纹信息与库中的已知用户声纹进行1:1比对验证和1:N的检索，当声纹匹配时即为验证/检索成功。

请先创建验证人声纹特征库　　　　　　　　　　　　　　　　**声纹验证结果**

| 选择文件 | 未选择任何文件 |　　　　　注：同一个验证人创建一次即可。　　**声纹特征验证成功**

　　　　　　　　　　　　　　　　开始创建

请选择需要验证声纹的音频文件

| 选择文件 | 未选择任何文件 |　　　　　　　　开始验证

图 4-18　运行结果页面

任务评价

本任务的评价表如表 4-8 所示。

表 4-8　任务评价表

任务评价表				
单元名称		任务名称		
班级		姓名		
评价维度	评价指标	评价主体		分值
		自我评价	教师评价	
知识目标达成度	理解基于讯飞开放平台实现声纹识别的框架			10
	理解基于讯飞开放平台的声纹识别流程			10
	理解声纹识别的关键步骤			10
能力目标达成度	能够在开放平台创建应用			10
	能修改平台注册的相关信息			10
	能够利用 Demo 完成声纹识别			10
素质目标达成度	具备良好的工程实践素养			10
	善于发现问题、解决问题			10
	具备严谨认真、精益求精的工作态度			10
团队合作达成度	团队贡献度			5
	团队合作配合度			5
总达成度=自我评价×50%+教师评价×50%				100

任务 4.3　代码分析与问题盘点

　　编程过程中常遇到程序报错问题，程序报错的错误源可能来自于环境配置、代码调试或其他情况。第一类是语法错误，指程序中含有不符合语法规定的语句；第二类是逻辑错误，指程序中没有语法错误，可以通过编译、连接生成可执行程序，但程序运行的结果与预期不相符的错误；第三类是系统（编译）错误，指程序没有语法错误和逻辑错误，但程序的正常运行依赖于某些外部条件的存在，如果这些外部条件缺失，则程序将不能运行。

　　1．了解基于讯飞开放平台的声纹识别系统开发中常见错误或问题的解决方法。
　　2．掌握遇到程序报错问题时的解决技巧。

4.3.1　理解基于讯飞开放平台的声纹识别接口应用

　　开发声纹识别系统需要用到以下接口调用。
* 创建声纹特征库。
* 添加音频特征。
* 特征比对 $1:1$。
* 特征比对 $1:N$。
* 查询特征列表。
* 更新音频特征。
* 删除指定特征。
* 删除声纹特征库。

　　其中，前四种接口调用是系统开发中必须用到的，后四种是非必须的。针对每种接口调用的参数说明如下。

　　（1）创建声纹特征库的请求参数。

　　在调用业务接口时，需要在 HTTP Request Body 中配置以下参数，请求数据均为 JSON 字符串。请求参数示例如下：

```
{
  "header": {
    "app_id": "your_app_id",
    "status": 3
  },
  "parameter": {
    "s782b4996": {
```

```
    "func": "createGroup",
    "groupId": "iFLYTEK_examples_groupId",
    "groupName": "iFLYTEK_examples_groupName",
    "groupInfo": "iFLYTEK_examples_groupInfo",
    "createGroupRes": {
      "encoding": "utf8",
      "compress": "raw",
      "format": "json"
    }
   }
  }
 }
}
```

声纹特征库请求参数说明如表 4-9 所示。

表 4-9　声纹特征库请求参数说明

参　数　名	类　型	必　传	描　　述
header	object	是	用于上传平台参数
header.app_id	string	是	在平台申请的 APPID 信息
header.status	int	是	请求状态，取值为 3（一次传完）
parameter	object	是	用于上传服务特征参数
parameter.s782b4996	object	是	用于上传功能参数
parameter.s782b4996.func	string	是	用于指定声纹的具体能力（创建声纹特征库值为 createGroup）
parameter.s782b4996.groupId	string	是	创建分组的标志，支持字母数字下画线，长度最大为 32
paramctcr.s782b4996.groupName	string	否	创建分组的名称，长度最小为 0，最大为 256
parameter.s782b4996.groupInfo	string	否	创建分组的描述信息，长度最小为 0，最大为 256
parameter.s782b4996.createGroupRes	object	是	期望返回结果的格式
parameter.s782b4996.createGroupRes.encoding	string	是	编码格式（固定 UTF-8）
parameter.s782b4996.createGroupRes.compress	string	是	压缩格式（固定 RAW）
parameter.s782b4996.createGroupRes.format	string	是	文本格式（固定 JSON）

（2）创建声纹特征库的返回参数。

返回参数示例如下：

```
{
  "header": {
    "code": 0,
    "message": "success",
    "sid": "ase000e55f5@hu178fca72b160210882"
  },
```

```
    "payload": {
      "createGroupRes": {
        "text": "eyJncm91cEl..."
      }
    }
  }
}
```

text 字段 Base64 解码后示例如下：

```
{
  "groupName": "iFLYTEK_examples_groupName",
  "groupId": "iFLYTEK_examples_groupId",
  "groupInfo": "iFLYTEK_examples_groupInfo"
}
```

声纹特征库返回参数说明如表 4-10 所示

表 4-10　声纹特征库返回参数说明

参　数　名	类　型	描　述
header	object	用于传递平台参数
header.sid	string	本次会话唯一标志 ID
header.code	int	0 表示会话调用成功（并不表示服务调用成功，服务是否调用成功以 text 字段为准），其他表示会话调用异常
header.message	string	描述信息
payload	object	数据段，用于携带响应的数据
payload.createGroupRes	object	响应数据块
payload.createGroupRes.text	string	响应数据 Base64 编码

payload.createGroupRes.text 字段 Base64 解码后信息如表 4-11 所示。

表 4-11　payload.createGroupRes.text 字段说明

字　段	类　型	描　述
groupId	string	创建分组的唯一标志
groupName	string	创建分组的名称
groupInfo	string	创建分组的描述信息

（3）添加音频特征的请求参数。

请求参数示例如下：

```
{
  "header": {
    "app_id": "your_app_id",
    "status": 3
  },
  "parameter": {
```

```
  "s782b4996": {
    "func": "createFeature",
    "groupId": "iFLYTEK_examples_groupId",
    "featureId": "iFLYTEK_examples_featureId",
    "featureInfo": "iFLYTEK_examples_featureInfo",
    "createFeatureRes": {
      "encoding": "utf8",
      "compress": "raw",
      "format": "json"
    }
  }
},
"payload": {
  "resource": {
    "encoding": "lame",
    "sample_rate": 16000,
    "channels": 1,
    "bit_depth": 16,
    "status": 3,
    "audio": "SUQzBAAAAAAAI1..."
  }
 }
}
```

音频特征请求参数说明如表 4-12 所示。

表 4-12　音频特征请求参数说明

参　数　名	类　型	必　传	描　　述
header	object	是	用于上传平台参数
header.app_id	string	是	在平台申请的 APPID 信息
header.status	int	是	请求状态，取值为 3（一次传完）
parameter	object	是	用于上传服务特征参数
parameter.s782b4996	object	是	用于上传功能参数
parameter.s782b4996.func	string	是	用于指定声纹的具体能力（添加音频特征值为 createFeature）
parameter.s782b4996.groupId	string	是	分组的标志，支持字母数字下画线，长度最大为 32
parameter.s782b4996.featureId	string	否	特征的标志，长度最小为 0，最大为 32
parameter.s782b4996.featureInfo	string	否	特征描述信息，长度最小为 0，最大为 256（建议在特征信息中加入时间戳）
parameter.s782b4996.createFeatureRes	object	是	期望返回结果的格式
parameter.s782b4996.createFeatureRes.encoding	string	是	编码格式（固定 UTF-8）

参 数 名	类 型	必 传	描 述
parameter.s782b4996.createFeatureRes.compress	string	是	压缩格式（固定 RAW）
parameter.s782b4996.createFeatureRes.format	string	是	文本格式（固定 JSON）
payload	object	是	用于上传请求数据
payload.resource	object	是	用于音频相关参数
payload.resource.encoding	string	是	音频编码（固定 lame）
payload.resource.sample_rate	int	是	音频采样率（16kHz）
payload.resource.channels	int	否	音频声道数（1 单声道）
payload.resource.bit_depth	int	否	音频位深（16）
payload.resource.status	int	是	音频数据状态（3，一次性传完）
payload.resource.audio	string	是	音频数据 Base64 编码（编码后最小长度为 1B，最大长度为 4MB）

（4）添加音频特征的返回参数。

返回参数示例如下：

```json
{
  "header": {
    "code": 0,
    "message": "success",
    "sid": "ase000ec93e@hu178fd5902750212882"
  },
  "payload": {
    "createFeatureRes": {
      "text": "eyJmZWF0dXJl..."
    }
  }
}
```

text 字段 Base64 解码后示例如下：

```json
{
  "featureId": "iFLYTEK_examples_featureId"
}
```

音频特征返回参数说明可参照表 4-10。

payload.createFeatureRes.text 字段 Base64 解码后信息如表 4-13 所示。

表 4-13　payload.createFeatureRes.text 字段说明

字 段	类 型	描 述
featureId	string	特征的唯一标志

（5）更新音频特征的请求参数。

请求参数示例如下：

```json
{
  "header": {
    "app_id": "your_app_id",
    "status": 3
  },
  "parameter": {
    "s782b4996": {
      "func": "updateFeature",
      "groupId": "iFLYTEK_examples_groupId",
      "featureId": "iFLYTEK_examples_featureId",
      "featureInfo": "iFLYTEK_examples_featureInfo_update",
      "updateFeatureRes": {
        "encoding": "utf8",
        "compress": "raw",
        "format": "json"
      }
    }
  },
  "payload": {
    "resource": {
      "encoding": "lame",
      "sample_rate": 16000,
      "channels": 1,
      "bit_depth": 16,
      "status": 3,
      "audio": "SUQzBAAAAAAAI1RTU0UAAAAPAAADTGF2ZjU4LjI3Lj..."
    }
  }
}
```

更新音频特征的请求参数说明可参照表 4-12，另外与表 4-12 中有区别和不包含的参数如表 4-14 所示。

表 4-14　更新音频特征的请求参数说明

参　数　名	类　　型	必　传	描　　　述
parameter.s782b4996.func	string	是	用于指定声纹的具体能力（更新音频特征值为 updateFeature）
parameter.s782b4996.cover	boolean	否	更新方式，为 true 时表示覆盖原有的特征，为 false 时表示与原有的特征进行合并更新。默认为 true

（6）更新音频特征的返回参数。

返回参数示例如下：

```
{
  "header": {
    "code": 0,
    "message": "success",
    "sid": "ase000d96a6@hu17a5ad256e70212882"
  },
  "payload": {
    "updateFeatureRes": {
      "status": "3",
      "text": "eyJtc2ciOiJzdWNjZXNzIn0="
    }
  }
}
```

text 字段 Base64 解码后示例：

```
{"msg":"success"}
```

更新音频特征的返回参数说明可参照表 4-10。

payload.updateFeatureRes.text 字段 Base64 解码后信息如表 4-15 所示。

表 4-15　payload.updateFeatureRes.text 字段说明

字　　段	类　　型	描　　述	备　　注
msg	string	更新信息	success 代表更新成功

（7）查询特征列表的请求参数。

请求参数示例如下：

```
{
  "header": {
    "app_id": "your_app_id",
    "status": 3
  },
  "parameter": {
    "s782b4996": {
      "func": "queryFeatureList",
      "groupId": "iFLYTEK_examples_groupId",
      "queryFeatureListRes": {
        "encoding": "utf8",
        "compress": "raw",
        "format": "json"
      }
    }
```

```
        }
    }
```

查询特征列表的请求参数说明如表 4-16 所示。

表 4-16　查询特征列表的请求参数说明

参　数　名	类　型	必　传	描　述
header	object	是	用于上传平台参数
header.app_id	string	是	在平台申请的 APPID 信息
header.status	int	是	请求状态，取值为 3（一次传完）
parameter	object	是	用于上传服务特征参数
parameter.s782b4996	object	是	用于上传功能参数
parameter.s782b4996.func	string	是	用于指定声纹的具体能力（查询特征列表值为 queryFeatureList）
parameter.s782b4996.groupId	string	是	查询特征所在的分组标志，支持字母数字下画线，长度最大为 32
parameter.s782b4996.queryFeatureListRes	object	是	期望返回结果的格式
parameter.s782b4996.queryFeatureListRes.encoding	string	是	编码格式（固定 UTF-8）
parameter.s782b4996.queryFeatureListRes.compress	string	是	压缩格式（固定 RAW）
parameter.s782b4996.queryFeatureListRes.format	string	是	文本格式（固定 JSON）

（8）查询特征列表返回参数。

返回参数示例如下：

```json
{
  "header": {
    "code": 0,
    "message": "success",
    "sid": "ase000eebfc@hu178fd7c11f20212882"
  },
  "payload": {
    "queryFeatureListRes": {
      "text": "W3siZmVhdHVy..."
    }
  }
}
```

text 字段 Base64 解码后示例如下：

```json
[
  {
    "featureInfo": "iFLYTEK_examples_featureInfo",
    "featureId": "iFLYTEK_examples_featureId"
  }
]
```

查询特征列表的返回参数说明可参照表 4-10。

payload.queryFeatureListRes.text 字段 Base64 解码后信息如表 4-17 所示。

表 4-17　payload.queryFeatureListRes.text 字段说明

字　　段	类　　型	描　　述	备　注
featureInfo	string	特征描述（建议创建时加时间戳，方便查找对应音频信息）	
featureId	string	特征标志	

（9）特征比对 1∶1 的请求参数。

请求参数示例如下：

```
{
  "header": {
    "app_id": "your_app_id",
    "status": 3
  },
  "parameter": {
    "s782b4996": {
      "func": "searchScoreFea",
      "groupId": "iFLYTEK_examples_groupId",
      "dstFeatureId": "iFLYTEK_examples_featureId",
      "searchScoreFeaRes": {
        "encoding": "utf8",
        "compress": "raw",
        "format": "json"
      }
    }
  },
  "payload": {
    "resource": {
      "encoding": "lame",
      "sample_rate": 16000,
      "channels": 1,
      "bit_depth": 16,
      "status": 3,
      "audio": "SUQzBAAAAAAI1RTU0UAA..."
    }
  }
}
```

特征比对 1:1 的请求参数说明如表 4-18 所示。

表 4-18　特征比对 1:1 的请求参数说明

参　数　名	类　型	必　传	描　　述
header	object	是	用于上传平台参数
header.app_id	string	是	在平台申请的 APPID 信息
header.status	int	是	请求状态，取值为 3（一次传完）
parameter	object	是	用于上传服务特征参数
parameter.s782b4996	object	是	用于上传功能参数
parameter.s782b4996.func	string	是	用于指定声纹的具体能力（特征比对 1:1 值为 searchScoreFea）
parameter.s782b4996.groupId	string	是	需要比对特征所存放的分组标志，支持字母数字下画线，长度最大为 32
parameter.s782b4996.dstFeatureId	string	是	需要比对特征的标志，长度最小为 0，最大为 32
parameter.s782b4996.searchScoreFeaRes	object	是	期望返回结果的格式
parameter.s782b4996.searchScoreFeaRes.encoding	string	是	编码格式（固定 UTF-8）
parameter.s782b4996.searchScoreFeaRes.compress	string	是	压缩格式（固定 RAW）
parameter.s782b4996.searchScoreFeaRes.format	string	是	文本格式（固定 JSON）
payload	object	是	用于上传请求数据
payload.resource	object	是	用于音频相关参数
payload.resource.encoding	string	是	音频编码（固定 lame）
payload.resource.sample_rate	int	是	音频采样率（16kHz）
payload.resource.channels	int	否	音频声道数（1 单声道）
payload.resource.bit_depth	int	否	音频位深（16）
payload.resource.status	int	是	音频数据状态（3，一次性传完）
payload.resource.audio	string	是	音频数据 Base64 编码（编码后最小长度为 1B，最大长度为 4MB）

（10）特征比对 1:1 的返回参数。

返回参数示例如下：

```
{
  "header": {
    "code": 0,
    "message": "success",
    "sid": "ase000e1142@hu178fd98935d0212882"
  },
  "payload": {
    "searchScoreFeaRes": {
      "text": "eyJhZ2UiOiJja..."
    }
  }
}
```

text 字段 Base64 解码后示例如下：

```
{
  "score": 1,
  "featureInfo": "iFLYTEK_examples_featureInfo",
  "featureId": "iFLYTEK_examples_featureId"
}
```

特征比对 1:1 的返回参数说明可参照表 4-10。

payload.searchScoreFeaRes.text 字段 Base64 解码后信息如表 4-19 所示。

表 4-19　payload.searchScoreFeaRes.text 字段说明

字　　段	类　　型	描　　述
score	float	正常相似度得分为 0~1，精确到小数点后两位（相似度范围为-1~1）
featureInfo	string	目标特征的描述信息
featureId	string	目标特征的唯一标志

（11）特征比对 1:N 的请求参数。

请求参数示例如下：

```
{
  "header": {
    "app_id": "your_app_id",
    "status": 3
  },
  "parameter": {
    "s782b4996": {
      "func": "searchFea",
      "groupId": "iFLYTEK_examples_groupId",
      "topK": 2,
      "searchFeaRes": {
        "encoding": "utf8",
        "compress": "raw",
        "format": "json"
      }
    }
  },
  "payload": {
    "resource": {
      "encoding": "lame",
      "sample_rate": 16000,
      "channels": 1,
      "bit_depth": 16,
      "status": 3,
      "audio": "SUQzBAAAAAAAI1RTU0UAAAAPAAA..."
```

```
    }
  }
}
```

特征比对 1：N 的请求参数说明可参照表 4-18，另外与表 4-18 中有区别和不包含的参数如表 4-20 所示。

表 4-20　特征比对 1：N 的请求参数说明

参　数　名	类　型	必　传	描　　述
parameter.s782b4996.func	string	是	用于指定声纹的具体能力（特征比对 1：N 值为 searchFea）
parameter.s782b4996.topK	int	是	期望返回的特征数目，最大为 10（要有足够的特征数量）

（12）特征比对 1：N 的返回参数。

返回参数示例如下：

```
{
  "header": {
    "code": 0,
    "message": "success",
    "sid": "ase000e3672@hu178fdb6c69d0210882"
  },
  "payload": {
    "searchFeaRes": {
      "text": "eyJhZ2UiOiJ5b..."
    }
  }
}
```

text 字段 Base64 解码后示例如下：

```
{
  "scoreList": [
    {
      "score": 1,
      "featureInfo": "iFLYTEK_examples_featureInfo1",
      "featureId": "iFLYTEK_examples_featureId1"
    },
    {
      "score": 0.85,
      "featureInfo": "iFLYTEK_examples_featureInfo",
      "featureId": "iFLYTEK_examples_featureId"
    }
  ]
}
```

特征比对 1∶N 的返回参数说明可参照表 4-10。

payload.searchFeaRes.text 字段 Base64 解码后信息如表 4-21 所示。

表 4-21　payload.searchFeaRes.text 字段说明

字　　段	类　　型	描　　述
scoreList	array	特征比对结果
scoreList[n].score	float	正常相似度得分为 0~1，精确到小数点后两位（相似度范围为-1~1）
scoreList[n].featureInfo	string	目标特征的描述信息
scoreList[n].featureId	string	目标特征的唯一标志

（13）删除指定特征的请求参数。

请求参数示例如下：

```
{
  "header": {
    "app_id": "your_app_id",
    "status": 3
  },
  "parameter": {
    "s782b4996": {
      "func": "deleteFeature",
      "groupId": "iFLYTEK_examples_groupId",
      "featureId": "iFLYTEK_examples_featureId",
      "deleteFeatureRes": {
        "encoding": "utf8",
        "compress": "raw",
        "format": "json"
      }
    }
  }
}
```

删除指定特征的请求参数说明如表 4-22 所示。

表 4-22　删除指定特征的请求参数说明

参　数　名	类　　型	必　传	描　　述
header	object	是	用于上传平台参数
header.app_id	string	是	在平台申请的 APPID 信息
header.status	int	是	请求状态，取值为 3（一次传完）
parameter	object	是	用于上传服务特征参数
parameter.s782b4996	object	是	用于上传功能参数

续表

参　数　名	类　型	必　传	描　　述
parameter.s782b4996.func	string	是	用于指定声纹的具体能力（删除指定特征值为 deleteFeatureRes）
parameter.s782b4996.groupId	string	是	删除特征所在的分组标志，支持字母数字下画线，长度最大为 32
parameter.s782b4996.featureId	string	是	所需要删除的特征标志，长度最小为 1，最大为 32
parameter.s782b4996.deleteFeatureRes	object	是	期望返回结果的格式
parameter.s782b4996.deleteFeatureRes.encoding	string	是	编码格式（固定 UTF-8）
parameter.s782b4996.deleteFeatureRes.compress	string	是	压缩格式（固定 RAW）
parameter.s782b4996.deleteFeatureRes.format	string	是	文本格式（固定 JSON）

（14）删除指定特征的返回参数。

返回参数示例如下：

```
{
  "header": {
    "code": 0,
    "message": "success",
    "sid": "ase000e75d9@hu178fdf66e290210882"
  },
  "payload": {
    "deleteFeatureRes": {
      "text": "eyJtc2ciOi..."
    }
  }
}
```

text 字段 Base64 解码后示例如下：

```
{
  "msg": "success"
}
```

删除指定特征的返回参数说明可参照表 4-10。

payload.deleteFeatureRes.text 字段 Base64 解码后信息如表 4-23 所示。

表 4-23　payload.deleteFeatureRes.text 字段说明

字　　段	类　　型	描　　述
msg	string	删除结果（删除成功时返回 success）

（15）删除声纹特征库的请求参数。

请求参数示例如下：

```json
{
  "header": {
    "app_id": "your_app_id",
    "status": 3
  },
  "parameter": {
    "s782b4996": {
      "func": "deleteGroup",
      "groupId": "iFLYTEK_examples_groupId",
      "deleteGroupRes": {
        "encoding": "utf8",
        "compress": "raw",
        "format": "json"
      }
    }
  }
}
```

删除声纹特征库的请求参数说明可参照表 4-22，其中与表 4-22 有区别和不包含的参数如表 4-24 所示。

表 4-24　删除声纹特征库的请求参数说明

参　数　名	类　型	必　传	描　述
parameter.s782b4996.func	string	是	用于指定声纹的具体能力（删除声纹特征库值为 deleteGroup）
parameter.s782b4996.deleteGroupRes	object	是	期望返回结果的格式
parameter.s782b4996.deleteGroupRes.encoding	string	是	编码格式（固定 UTF-8）
parameter.s782b4996.deleteGroupRes.compress	string	是	压缩格式（固定 RAW）
parameter.s782b4996.deleteGroupRes.format	string	是	文本格式（固定 JSON）

（16）删除声纹特征库的返回参数。

返回参数示例如下：

```json
{
  "header": {
    "code": 0,
    "message": "success",
    "sid": "ase000dcbc0@hu17a5ae64ab30212882"
  },
  "payload": {
    "deleteGroupRes": {
      "status": "3",
      "text": "eyJtc2ciOiJzdWNjZXNzIn0="
    }
}
```

```
    }
}
```

text 字段 Base64 解码后示例如下：

```
{"msg":"success"}
```

删除声纹特征库的返回参数说明可参照表 4-10。

payload.deleteGroupRes.text 字段 Base64 解码后信息如表 4-25 所示。

表 4-25　payload.deleteGroupRes.text 字段说明

字　　段	类　　型	描　　述	备　　注
msg	string	删除特征库是否成功	success 表示删除成功

4.3.2　总结系统开发中的常见问题

在声纹识别系统开发的过程中，常见问题及解答如下。

（1）在声纹识别系统开发中，如何在特征比对 1∶1 与 1∶N 中进行选择？

答：1∶1 模式主要做身份验证，主要证明你是你，主要应用场景为实名制场景，如声纹解锁、声纹支付等。

1∶N 模式则是验证你是谁，应用场景有办公考勤、会议签到等。

（2）在声纹识别系统开发中，语音采集是否要使用固定文本？

答：声纹识别不需要读固定的文本，文本没有限制。

（3）在声纹识别系统中，如何选取得分阈值？

答：建议参考得分为 0.6～1 即可以判定验证通过，具体可以结合应用场景的安全性要求做进一步判断。

（4）声纹特征库可以同名吗？

答：不同 APPID 可以创建名称相同的声纹特征库，每个 APPID 的声纹特征库是相互独立的。

4.3.3　程序调试中的常见错误码

程序调试中的常见错误码说明及处理方法如表 4-26 所示。

表 4-26　常见错误码说明及处理方法

错　误　码	错　误　描　述	说　　明	处　理　方　法
10009	input invalid data	输入数据非法	检查输入的数据
10160	parse request json error	请求数据格式非法	检查请求数据否合法的 JSON
10161	parse base64 string error	Base64 解码失败	检查发送的数据是否使用了 Base64 编码
10313	invalid appid	APPID 和 APIKey 不匹配	检查 APPID 是否合法
23005	failed to create feature detail	创建特征失败	检查是否已创建声纹特征库
23006	failed to delete feature detail	删除特征失败	检查删除的特征 ID 是否已被删除

更多错误说明可通过网址讯飞开放平台进行查询。

任务实施

修改任务 4.2 中的程序，更换语音数据集，分别测试 1∶1 与 1∶N 两种模式下的声纹识别水平。

任务评价

本任务的评价表如表 4-27 所示。

表 4-27　任务评价表

任务评价表				
单元名称			任务名称	
班级			姓名	
评价维度	评价指标	评价主体		分值
		自我评价	教师评价	
知识目标达成度	熟悉声纹识别中接口的应用			10
	理解声纹识别中常见问题的解决方案			10
	了解声纹识别中常见错误码的含义			10
能力目标达成度	能正确解决声纹识别系统开发中的常见问题			10
	能够利用错误码提示解决程序调试中的问题			10
	能够基于样例程序进行拓展，开发更灵活的声纹识别系统			10
素质目标达成度	具备良好的工程实践素养			10
	善于发现问题、解决问题			10
	具备严谨认真、精益求精的工作态度			10
团队合作达成度	团队贡献度			5
	团队合作配合度			5
总达成度=自我评价×50%+教师评价×50%				100

习题

1. 说明声纹识别的应用场景，以及声纹识别模式 1∶1 与 1∶N 有什么区别？
2. 描述声纹识别和语音识别在应用开发中的主要区别。
3. 说明基于 TensorFlow 实现声纹识别的关键技术。
4. 描述基于讯飞开放平台实现声纹识别的关键步骤。

单元 5　语音合成技术及应用

学习目标

通过本单元的学习，学生能够获得以下知识和能力。

- 了解语音合成的基本原理和主要方法。
- 理解语音合成技术应用开发的基本框架，并理解其中关键技术。
- 培养学生根据不同场景，利用人工智能开放平台开发语音合成产品的技能。
- 培养学生分析与解决工程问题的能力。
- 培养学生民族自豪感、专业自豪感，公平公正的职业态度和精益求精的工匠精神。

任务 5.1　了解语音合成基础

任务情境

语音合成技术（Text To Speech，TTS）即"从文本到语音"，其核心是将文字信号通过文本分析、韵律预测、时长预测等过程，运用声学参数转化为语音信号。如今，语音合成技术已渗透到人们的日常生活，如从文字转语音的应用有喜马拉雅、微信听书、各类智能音箱、地图导航中的明星语音定制等。语音合成技术还被应用于说话人转换、方言合成（如四川话、粤语等）、歌唱语音合成（如日本的初音未来）等场景。

目前，线上阅读已成为数字出版领域的热门版块，与语音合成技术融合的有声阅读已成为在线阅读 App 的发展趋势。国内在线阅读平台大都开通了基于语音合成技术的语音朗读功能，通过智能化、专业化的服务，为用户提供便捷、新颖且智能的阅读体验。

任务布置

1. 了解语音合成技术的一般实现方法。
2. 了解每种方法的优缺点。
3. 理解语音合成的原理和流程，熟悉流程中涉及的专业术语。

了解语音
合成基础

知识准备

5.1.1　语音合成技术的演化

（1）语音合成技术的发展阶段。

让机器能够像人一样通过语音进行表达，是人机自然交互的基本要求。关于语音合成的研究已有两百多年的历史，经历了机械式语音合成器、电子式语音合成器、共振峰参数合成器、基于波形拼接技术的语音合成、基于统计声学建模的语音合成等几个阶段，如表 5-1 所示。

表 5-1　语音合成技术发展阶段

技术类型	时　间	基本原理	缺　点
机械式语音合成器	18 世纪	通过声学共振器模拟人类的声道，采用振动簧片模拟声带振动，可以模拟五个长元音/i/a/e/o/u	实用性较差，通常只能用于娱乐
电子式语音合成器	20 世纪初期	采用张弛振荡器模拟独音，采用随机噪声源模拟清音，采用 10 个带通滤波器模拟声道，最后经过放大器的输出得到语音	难以表现出自然语音中千变万化的频谱特征
共振峰参数合成器	20 世纪 60 年代	采用两种声道模型，每个二阶数字谐振器代表一个共振峰特征。元音通过串联的数字谐振器模拟；鼻音和多数辅音采用串并联的数字谐振器模拟	合成器的结构及参数调整较复杂，因此在实际应用中，合成语音的质量不能保证
基于波形拼接技术的语音合成	20 世纪 80 年代	采用前端文本分析模块从输入文本中提取相关信息，之后从预先录制并标注好的音库中挑选合适的单元，进行拼接得到最终的合成语音	对语料库要求高，难以快速构建个性化系统
基于统计声学建模的语音合成	20 世纪末期	基于一套自动化的流程，对音库中的语音数据进行声学参数的建模，并以训练得到的统计模型为基础构建相应的语音合成系统	合成语音的音质相对于自然语音的下降较明显

在表 5-1 所列的五种语音合成技术中，前两种（机械式和电子式语音合成器）未达到实用化程度，第三种（共振峰参数合成器）通过对共振峰的频率进行适当的控制，可以达到高质量的音质，但是由于合成器的结构及参数调整较复杂，在实际应用中合成语音的质量往往并不令人满意。目前语音合成的主流技术是后面两种：基于波形拼接技术的语音合成和基于统计声学建模的语音合成。

基于波形拼接技术的语音合成技术较好地解决了不同单元之间的拼接问题，从而使基于波形拼接技术的语音合成方法进入实用阶段。在 20 世纪 90 年代，基于波形拼接技术的语音合成随着计算机技术的飞速发展，演变成基于大语料库的单元拼接合成方法。相对于传统波形拼接方法，基于大语料库的单元拼接合成方法采用了大规模的语料库及精细的单元挑选策略，挑选出来的单元基本不需要调整，而且合成语音的连续性也得到了进一步的改善。采用该方法得到的合成语音不仅可以保持原始语音的音质，而且还具有较高的自然度。虽然基于大语料库的单元拼接合成方法具有较好的合成效果，但是大语料库的制作成本很高，制作周期也很长。对于新说话人或者发音风格，通常需要重新进行音库制作，因此基于大语料库的单元拼接合成方法的扩展性较差，难以快速构建个性化的系统。

基于统计声学建模的语音合成技术也被称为可训练的语音合成，可以实现合成系统的自动训练与构建。其中，基于 HMM 的参数语音合成方法得到了充分的研究与应用，并展示了良好的性能。基于 HMM 的语音合成系统首先对语音参数进行建模，然后利用音库数据进行自动训练，并最终形成一个相应的合成系统。相对于基于大语料库单元拼接合成方法，该方法的优势在于可以在短时间内自动地构建新的合成系统，对不同说话人或者发音风格的依赖性小。然而，由于该方法采用 HMM 来生成待合成语音的参数，而且参数合成器也会对合成语音的音质造成一定程度的损失，因此合成语音的音质相对于自然语音的下降较明显。

（2）语音合成的技术边界。

目前，语音合成技术落地已经比较成熟，但还是存在一些解决不了的问题，在拟人化、情绪化、定制化方面还存在不足。

① 拟人化。其实当前的语音合成技术拟人化程度已经很高了，但是行业内的人一般都能听出来是否为合成的音频，因为合成音的整体韵律还是比真人要差很多，真人的声音是带有气息感和情感的，语音合成技术合成的音频声音很逼近真人，但是在整体的韵律方面会显得很平稳，不会随着文本内容有大的起伏变化，单个字词可能还会有机械感。

② 情绪化。真人在说话的时候，可以察觉到当前情绪状态，在语言表达时，通过声音就可以知道这个人是否开心或者沮丧，也会结合表达的内容传达具体的情绪状态。单个语音合成技术语音库是做不到的，例如在读小说的时候，小说中会有很多的场景、不同的情绪，但是用语音合成技术合成的音频，整体感情和情绪是比较平稳的，没有很大的起伏。优化的方式有两种，一是加上背景音乐，不同的场景用不同的背景音乐，淡化合成音的感情情绪，让背景音烘托氛围；二是制作多种情绪下的合成语音库，可以在不同的场景调用不同的语音库来合成音频。

③ 定制化。当前我们听到语音合成厂商合成的音频时，整体效果普遍令人满意，但很多客户会有定制化的需求，例如，要求用自己企业职员的声音制作一个专属语音库，并达到和语音合成厂商的音频同等的效果，这是比较难的。因为当前语音合成厂商所聘用的录音员多为专业的播音人员，并非所有人都能满足制作语音库的标准的，如果技术上可以使每个人的声音都能达到85%以上的还原度，那这一技术无疑将被应用于更多的场景中。

（3）语音合成技术的发展趋势。

目前，语音合成的研究方向重点包括提高合成语音的自然度、丰富合成语音的表现力、提高合成语音的实用性和实现多语种语音合成。

① 提高合成语音的自然度。就汉语的单字和词组来说，合成语音的可懂度和自然度已基本解决。但是到句子乃至篇章一级时，合成语音的自然度还有提升的空间。

② 丰富合成语音的表现力。大多数语音合成系统的输出语音在不同年龄、性别及情感等方面缺乏表现力，随着智能人机交互技术的广泛应用，对人机对话中合成语音的表现力提出了更高的要求。

③ 提高合成语音的实用性。为了扩大语音合成的应用场景，将语音合成系统应用到嵌入式设备，不仅要考虑合成语音的质量和表现力，更要提高合成语音的实用性，降低语音

合成技术的复杂度，减少合成技术对语音库容量的依赖。

④ 实现多语种语音合成。由于语种不同，不同国籍、不同民族的人们进行语言交流时往往存在困难，多语种的文语转换可解决此问题，并可应用到有声电子邮件、自动电话翻译等场合。同时，汉语合成也存在多方言语音合成的需求。目前的语音合成系统大多是针对某一种语言开发出来的，没有针对多语种的合成算法或语音合成器。由于语音合成器所采用的算法及规则都是和采用语言密切相关的，很难推广到其他的语种，如汉语语音合成系统的韵律规则完全不适合于英语。因此，多语种语音合成是未来语音合成的一个研究方向。

5.1.2　语音合成的常用平台

智能语音交互系统利用语音引擎将文本字符串和文件转换为音频流，由于语音引擎的开发难度大，一般都是利用大平台商提供的引擎来开发 TTS 系统的。以在线阅读 App（如番茄小说、书旗小说等）为例，目前的主流实现方法是与专业语音公司合作。首先与语音合成技术平台商签订协议，下载语音合成平台的 SDK（Software Development Kit，软件开发工程包），从而实现将在线阅读平台的文字转换为语音信号的功能。语音合成技术发展至今，出现了不少合成效果好、应用较广的语音引擎，下面简单介绍几种常用的平台。

（1）语音合成的开源工具。

常用的语音合成的开源工具有 Merlin、Ekho、eSpeak、MaryTTS、Festival、Flite、FreeTTS等，如表 5-2 所示。

表 5-2　常用语音合成开源工具

平　　台	操 作 系 统	编 程 语 言	支 持 中 文	特　　点
Merlin	UNIX	Python	是	基于神经网络的语音合成
Ekho	Windows、Linux、Android	C++	是	支持粤语和普通话
eSpeak	Windows、Linux	C	是	共振峰参数合成，可将文本转换为音素代码
MaryTTS	Windows、Linux	Java	否	多语种的文本转语音平台
Festival	Windows、Linux、Mac	C++	否	提供了完整的文本转语音 API，支持英语和西班牙语
Flite	Windows、Linux、Mac、Android	C	否	Festival 的 C 版本，可用于嵌入式系统
FreeTTS	Windows、Linux、Mac	Java	否	基于 Flite 的小型语音合成引擎

表 5-2 中的语音合成开源工具各有特色，其中，Merlin、Ekho 和 eSpeak 能够支持中文语音合成。Ekho（余音）是一个免费、开源的中文语音合成软件，目前支持粤语和普通话等，英文则通过 eSpeak 或 Festival 间接实现。Ekho 支持 Linux、Windows 和 Android 平台，实践结果表明，Ekho 合成的中文语音比 eSpeak 更自然。由于 Ekho 语音引擎可以运行于本地，并且支持 Linux 环境下运行，因此可应用于嵌入式开发环境。

（2）语音合成的非开源平台。

语音合成的非开源平台主要有 Nuance 通讯、微软、科大讯飞、百度、腾讯、阿里云、字节跳动等人工智能开发商提供的语音引擎，如表 5-3 所示。这类引擎提供了一系列接口，使得智能语音交互系统的开发可以通过调用接口来完成。例如，微软所提供的 SAPI（全称为 The Microsoft Speech API），就是在应用程序和语音引擎之间提供一个高级别的接口，它实现了所有必需的对各种语音引擎的实时控制和管理。

表 5-3　语音合成非开源引擎

平 台 商	语 音 引 擎	在线/离线	支持操作系统	特　　点
Nuance 通讯	Nuance Voice Platform（NVP）	在线	Windows、Linux、Android	支持 40 多种语言；由于其跨平台性，并且支持的语言丰富及合成自然度高，得到广泛应用
微软	Speech API（简称为 SAPI）	在线、离线	Windows	支持多种语言的识别和朗读，包括英文、中文、日文等。可以设置识别语言、说话的风格，还能对语速、间隔等进行调整
科大讯飞	讯飞语音	在线、离线	Windows、Linux、iOS、Android	支持中文、英文、粤语，以及全国大部分地区方言。提供 100+说话人供选择，支持多语种、多方言和中英文混合，可灵活配置音频参数
百度	百度语音	在线、离线	Windows、Linux、iOS、Android	提供 REST API 接口、在线 SDK，满足手机 App、网页端、小程序、硬件等多场景需求
腾讯	腾讯语音	在线	Windows、Linux、iOS、Android	提供多场景、多语言的音色选择，支持 SSML 标记语言，支持自定义音量、语速等参数
阿里云	—	在线、离线	Windows、Linux、iOS、Android	多种音色可供选择，并提供调节语速、语调、音量等功能

除表 5-2 和表 5-3 所列的免费或商用的语音合成引擎外，还有很多其他的平台或工具，如 360 文字转语音软件、WPS 语音助手、布谷鸟配音软件、虾果魔音、魔音工坊等。

任务实施

语音合成体验与分析。

操作准备

（1）熟悉讯飞语音合成在线体验平台，如图 5-1 所示。
（2）下载并安装 Ekho 软件，如图 5-2 所示为安装界面。

安装 Ekho 8.6 完成之后，浏览 Ekho 文件夹中文件，其中 ekho-data 文件夹中是发音语料库，包括 2478 个发音文件。ekho-data/pinyin 中的发音文件如图 5-3 所示。

< 产品体验 >
普通话发音人
方言发音人
多语言发音人
音色: 全部 成年男声 成年女声
地区选择: 全部 英语 日语 韩语 俄语 德语 法语 阿拉伯语 保加利亚语
展开
John 成年男声 推荐: 英语男声
Ryan 成年男声 推荐: 英语男声
Laura 成年女声 推荐: 英语女声
Lindsay 成年女声 推荐: 英语女声
凯瑟琳 成年女声 推荐: 英语女声
千惠 成年女声 推荐: 日语女声
ZhongCun 成年女声 推荐: 日语女声
智敏 成年女声 推荐: 韩语女声
miya 成年女声 推荐: 韩语女声
keshu
christiane
玛丽安
My father, brother and I visited West Point to see a football game between Army and Boston College. Taking a stroll before kickoff, we met many cadets in neatly pressed uniforms. Several visting fans asked the recruits if they would pose for photographs, to show our son what to expect if he should attend West Point.One middle-aged couple
John/成年男声/英语
重新播放
语速 5
音量 5
音高 5
温馨提示:
1）在线体验的背景音乐，在实际使用服务时不会出现，请放心使用。
2）如果您不方便通过编程方式使用，可点击配音制作，可直接通过网页实现文字转语音功能，按字符计费，音频可直接下载。

图 5-1　讯飞语音合成在线体验平台

Setup - Ekho 8.6
Installing
Please wait while Setup installs Ekho on your computer.
Extracting files...
C:\Program Files (x86)\Ekho\ekho-data\pinyin\dai1.wav
Cancel

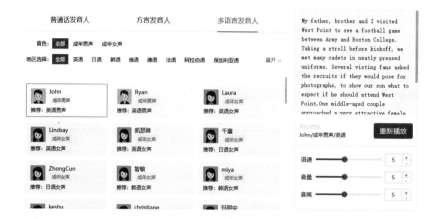

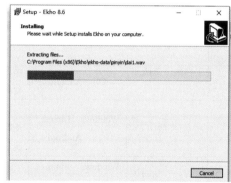

图 5-2　Ekho 软件安装界面

ai6.wav WAV 文件 10.3 KB
an1.wav WAV 文件 24.7 KB
an2.wav WAV 文件 26.3 KB
an3.wav WAV 文件 26.3 KB
an4.wav WAV 文件 26.3 KB
an5.wav WAV 文件 11.9 KB
an6.wav WAV 文件 14.8 KB
ang1.wav WAV 文件 23.4 KB
ang2.wav WAV 文件 24.9 KB
ang3.wav WAV 文件 24.9 KB
ang4.wav WAV 文件 22.2 KB
ang5.wav WAV 文件 11.2 KB
ang6.wav WAV 文件 14.1 KB
ao1.wav WAV 文件 22.6 KB
ao2.wav WAV 文件 22.6 KB
ao3.wav WAV 文件 24.2 KB
ao4.wav WAV 文件 22.0 KB
ao5.wav WAV 文件 20.1 KB
ao6.wav WAV 文件 13.5 KB
ba1.wav WAV 文件 22.7 KB
ba2.wav WAV 文件 22.7 KB
ba3.wav WAV 文件 19.3 KB
ba4.wav WAV 文件 20.8 KB
ba5.wav WAV 文件 16.6 KB
ba6.wav WAV 文件 13.6 KB
bai1.wav WAV 文件 22.1 KB
bai2.wav WAV 文件 24.7 KB
bai3.wav WAV 文件 21.3 KB
bai4.wav WAV 文件 22.6 KB
bai5.wav WAV 文件 19.3 KB
bai6.wav WAV 文件 13.2 KB
ban1.wav WAV 文件 24.1 KB
ban2.wav WAV 文件 24.1 KB
ban3.wav WAV 文件 15.6 KB
ban4.wav WAV 文件 19.4 KB
ban5.wav WAV 文件 12.4 KB
ban6.wav WAV 文件 14.4 KB
bang1.wav WAV 文件 23.5 KB
bang2.wav WAV 文件 23.5 KB
bang3.wav WAV 文件 20.0 KB
bang4.wav WAV 文件 20.0 KB
bang5.wav WAV 文件 15.5 KB
bang6.wav WAV 文件 14.1 KB
bao1.wav WAV 文件 21.5 KB
bao2.wav WAV 文件 20.4 KB
bao3.wav WAV 文件 20.4 KB
bao4.wav WAV 文件 20.4 KB
bao5.wav WAV 文件 20.4 KB
bao6.wav WAV 文件 12.9 KB
bei1.wav WAV 文件 19.5 KB
bei2.wav WAV 文件 21.8 KB
bei3.wav WAV 文件 18.5 KB
bei4.wav WAV 文件 18.5 KB
bei5.wav WAV 文件 18.5 KB
bei6.wav WAV 文件 11.7 KB
ben1.wav WAV 文件 28.1 KB
ben2.wav WAV 文件 24.1 KB
ben3.wav WAV 文件 21.3 KB
ben4.wav WAV 文件 21.3 KB
ben5.wav WAV 文件 14.8 KB

图 5-3　ekho-data/pinyin 中的发音文件

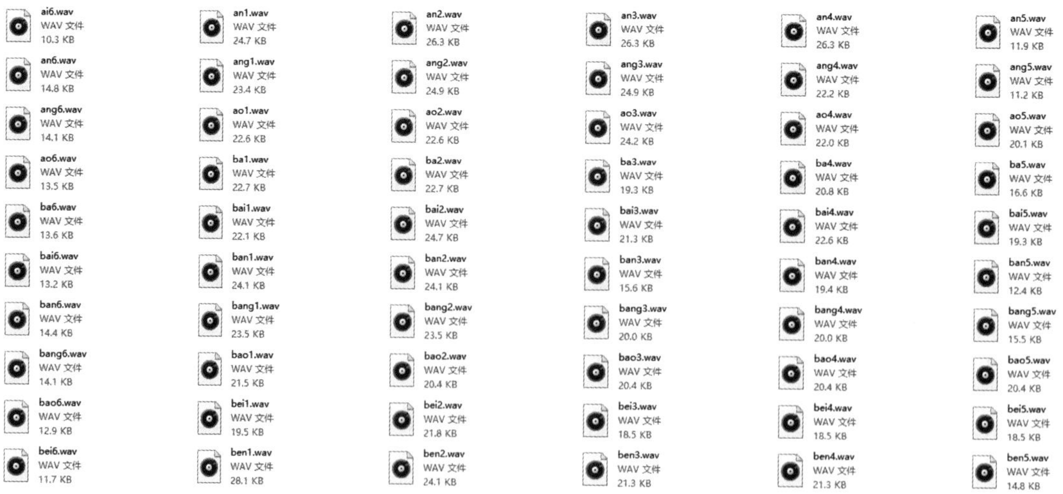

工作流程

（1）运行 Ekho 软件，实现中、英文的语音合成；然后依次调整声学合成参数，观察声学合成参数对合成语音效果的影响，并存储这些文件。

（2）利用讯飞语音合成在线体验平台，体验不同说话人、不同方言的语音合成效果。

操作步骤

（1）启动 Ekho 软件，熟悉界面按钮的使用。

（2）以文本粘贴和文件读取两种方式，体验中文和英文语音合成的效果。

（3）依次调整嗓音类型、音量大小、语速和共振峰参数，观察声学合成参数变化对合成语音效果的影响。

（4）对同一段文字，以不同声学合成参数合成，保存合成文件。

（5）利用讯飞语音合成在线体验平台，体验不同说话人的语音合成效果。

（6）体验不同方言的语音合成效果。

拓展任务

利用 Praat 软件对课堂保存的个性化语音文件进行分析，观察基频、共振峰、时长等参数的变化，比对这些语音录制时的参数设置，考察是否一致。

任务评价

本任务的评价表如表 5-4 所示。

表 5-4　任务评价表

任务评价表				
单元名称		任务名称		
班级		姓名		
评价维度	评价指标	评价主体		分值
		自我评价	教师评价	
知识目标达成度	了解语音合成技术的发展阶段			10
	了解语音合成的常用平台			10
	了解语音合成的开源平台的使用			10
能力目标达成度	能根据需求选择不同的语音合成平台			10
	能利用在线平台实现语音合成			10
	能利用开源工具实现语音合成			10
素质目标达成度	具备良好的工程实践素养			10
	善于发现问题、解决问题			10
	具备严谨认真、精益求精的工作态度			10

续表

评价维度	评价指标	评价主体		分值
		自我评价	教师评价	
团队合作达成度	团队贡献度			5
	团队合作配合度			5
总达成度=自我评价×50%+教师评价×50%				100

任务 5.2 理解个性化语音合成技术

任务情境

人类可以通过语音分辨出不同的说话人，主要是因为不同人的发音器官、发音习惯、说话的语气、情感、知识等的不同，此外，生活环境、方言也对特定说话人语音有很大影响。

任务布置

1. 了解语音的个性特征。
2. 理解语音合成系统的技术组成。
3. 掌握个性化语音合成中特征参数的选择。

理解个性化语音合成技术

阿尔法蛋

知识准备

5.2.1 语音的个性特征

（1）语音的四个要素。

语音共包含音色、音高、音强及音长四个要素，每个要素都与语音的个性特征有着重要关系。下面分别对这几个要素进行分析。

① 音色。音色又叫作音品，是区别人与人发声不同的重要特征参数之一。音色的不同正是由不同频率的泛音决定的，具体来说，振源的特征及共振峰的形状共同作用决定了音色的不同类型。

② 音高。音高变化的不同会引起声调的变化。例如英语中，疑问句句尾的音调会上升，而陈述句句尾的音调会下降，以及汉语中的四种声调的变化都是由于音高变化的不同而造成的。

③ 音强。音强反映的是语音的主音调的强弱。音强影响着声音的大小，它一般是通过语音的能量来进行反映的。音强越强能量也越大，声音就越大，反之，声音越小。

④ 音长。音长是指声音的长短，它受发音体振动的时间所影响。音长对于辨别语音起着很重要的作用。例如英文中的"leave"音标为[li:v]，而"live"的音标为[liv]，这两个单词音标接近，主要是通过其中的元音「i」的音长来区分的。

语音的四要素决定了语音的特征，四个要素的不同导致了人们听到的语音的不同，而语音的四个要素又是通过许多不同的语音特征参数共同决定的。这些参数包括共振峰、能量、基频、时长、节奏、振源、振幅、语调等。同时通过分析可以得知，任何一个单独的参数都无法决定语音的个性特征，语音的个性化是由所有的特征参数共同决定的。

（2）语音个性特征的分类。

从语音学角度讲，说话人的个性特征参数可以分为音段特征、超音段特征和语言特征三个类别，如表 5-5 所示。其中，音段特征是指语音的音色特征，一方面与说话人的发音器官的生理结构（口腔、声带的形状及牙齿的位置等）有关，不同发音器官形成的声音的物理学特征不同；另一方面还与说话人的情感有关。超音段特征主要指语音的韵律特征（说话的节奏和力量等的控制），主要受心理状态、习惯及社会环境因素等影响。语言特征是说话人说话时的方言、口音、习惯上的用语等。这些特征表现在说话人语音的波形上，使不同说话人的语音有明显的个性特征。

表 5-5　语音的个性特征参数

特　征　分　类	语音特征参数	特　　点
音段特征	音频、共振峰、频谱倾斜	相对稳定
超音段特征	音调、时长、能量	容易改变
语言特征	—	随意性大

与个性特征相关的特征参数中，反映音段特征的参数有音频、共振峰、频谱倾斜等，反映超音段特征的参数有音调、时长和能量等。其中超音段特征不够稳定，如在不同情绪或情境下，说话的节奏可能加快或放慢，说话语气的轻重也会改变；语言特征也很容易受环境影响，随意性很大；而音段特征是不容易改变的。所以在个性化语音合成与模拟中，应主要考虑音段特征，其次考虑超音段的部分特征。

5.2.2　语音合成的技术框架

（1）语音合成系统的技术组成。

典型的语音合成系统主要包括文本分析、韵律生成和语音生成三个核心模块，而语音语料库为语音合成提供支撑，如图 5-4 所示。

① 文本分析模块。

文本分析模块主要负责从文本中提取文字，解析出词、短语或句子，进而告诉计算机发什么音、怎么发音、哪里停顿及停顿多长时间等。本模块具

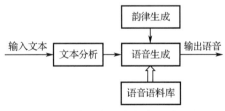

图 5-4　典型的语音合成系统结构

体要完成三个步骤。第一步将输入的文本规范化，将文本中出现的拼写错误、不规范的或无法发音的字符过滤掉；第二步分析文本中词或短语的边界，确定文字的读音，同时分析文本中出现的数字、姓氏、特殊字符、专有词语及各种多音字的读音方式；第三步根据文本结构、组成和不同位置上出现的标点符号，确定发音时语气的变换及发音的轻重方式。最终，文本分析模块将文本转换成计算机能够处理的内部参数。

对于中文语音合成系统，文本分析模块一般包括文本正则化、分词（判断句子中的词

边界）、词性预测、词性标注（名词、动词、形容词等）、多音字消歧、韵律结构预测（判断韵律短语边界）等子模块，如图 5-5 所示。

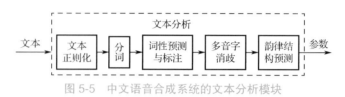

图 5-5　中文语音合成系统的文本分析模块

目前，文本分析的主流方法主要有两种：一是传统的基于规则的文本分析方法，二是随着统计学方法和人工神经网络等技术在数据处理领域的成功应用而出现的基于数据驱动的文本分析方法。这两种方法的比较如表 5-6 所示。由于两种方法各有其优势和缺点，因此有些系统采取了两种方法相结合的方式。

表 5-6　两种文本分析方法的比较

类　　型	代表性方法	优　　点	缺　　点
基于规则的文本分析方法	最大匹配法、反向最大匹配法、逐词遍历法、最佳匹配法、二次扫描法	结构较为简单、直观，易于实现	需要大量的时间去总结规则，性能好坏依赖于设计人员的经验和背景知识
基于数据驱动的文本分析方法	二元文法、三元文法、隐马尔可夫模型法和神经网络法	对设计人员语言学背景知识依赖性不强，文本分析精度高	忽略了文本信息的一些个性特征

② 韵律生成模块。

在汉语中，韵律特征体现为音节具有不同的声调、语气、停顿方式和发音长短。韵律参数是指能反映韵律特征的声学参数，如基频、时长、音强等。如前文所述，文本分析模块用来告诉计算机发什么音，以及以什么方式发音；而发音的声调是二声还是三声、是重读还是轻读、到哪里停顿等信息，则需要由韵律生成模块来提供。

韵律生成方法也分为基于规则和基于数据驱动两种方法，这两种方法的特点对比如表 5-7 所示。基于规则的方法要求研究人员非常熟悉音韵学背景知识，需要花费研究者大量的时间和精力才能达到自然的语音效果，并且不易于体现个性特征。目前，通过基于数据驱动实现韵律生成的方法已获得成功应用。

表 5-7　两种韵律生成方法的比较

类　　型	基　本　方　法	优　　点	缺　　点
基于规则的韵律生成方法	通过分析基频、时长和音强等声学参数，针对不同特定情况（如不同句子、句中不同位置、不同声调、不同词性）的变化规则，并应用于语音生成	经过研究者的努力，这种方法能达到较好的韵律生成效果	要求系统设计人员花费大量的时间和精力；追求发音的自然，而掩盖了人的个性
基于数据驱动的韵律生成方法	准备大容量语音语料库，建立训练模型；用从数据库中提取的韵律参数模型进行训练，从而得到韵律模型	改善了语音合成的灵活性，便于模拟某一特定人的韵律特征	忽略了文本信息的一些个性特征

③ 语音生成模块。

文本分析模块告诉了系统要说什么，韵律生成模块告诉系统如何发声，接下来，语音生成模块将调用一个声学模块来产生语音。具体有两种实现方法：参数合成法和波形拼接（PSOLA）法，这两种方法的比较如表 5-8 所示。

表 5-8　两种语音生成方法的比较

类　型	基 本 方 法	优　　点	缺　　点
参数合成法	通过模拟人的口腔的声道特征来产生。共振峰合成系统、基于 LPC、LSP 和 LMA 等声学参数的合成系统	语音库较小，系统能适应的韵律特征的范围较宽	生成语音的音质往往受到一定的限制
PSOLA 法	首先对存储于音库的语音进行拼接，然后修改韵律特征，从而整合成完整的语音	计算简单、合成语音清晰、自然度高	对语料库的要求很高

参数合成法建立声学模型的过程是：首先，录制能涵盖发音过程中所有可能出现读音的语音库；其次，提取这些语音的声学参数，并整合成一个完整的语音库。在发音过程中，先根据发音需要从语音库中选择合适的声学参数，再根据从韵律模型中得到的韵律参数，通过合成算法产生语音。参数合成法的优点是对语料库的要求相对较小，且合成的语音效果相对拼接法而言更加稳定。其缺点在于统计建模中的声学特征参数会出现"过平滑"现象，以及声码器对合成音质会有一定的损伤，而拼接法却能最大限度地保持声音特征。

波形拼接合成语音方法的主要步骤是：首先，采用神经网络或隐马尔可夫模型等统计学方法，从大量语音库中选择最合适的语音单元用于拼接；其次，使用 PSOLA 算法，对其合成语音的韵律特征进行修改，使合成语音达到较高音质。由于拼接合成的基本单元来源于真正的语音，因此拼接合成后语音能够最大限度地保留原有语音的特征，这是拼接合成的最大优势；缺点是对语料库的要求很高，通常需要几十个小时的成品语料。

（2）个性化语音合成中特征参数的选择。

影响个性特征的语音参数很多，如果全部进行提取分析，不但工作量巨大，也不一定能达到最优结果，所以要对影响语音个性特征的参数进行分析与筛选。通过对人体的生理机理的分析，得到影响语音个性特征的重要发音器官及它们所对应的语音参数，接下来分析这些参数对个性特征的影响。

① 由发音机理到声学参数。

当自己熟悉的人说话时，即使听不清说话的内容，也能知道是谁在说话，这主要是嗓音起作用。语音声学模型如图 5-6 所示，其中，动力源（气源）对应的声学器官是肺和气管，激励源（声门）对应的声学器官是喉和声带，滤波器（声道）对应的声学器官是咽喉、口腔和鼻腔。

图 5-6　语音声学模型

肺作为语音产生的动力器官，是语音的能量来源。肺活量大的人在说话的时候供给的能量就大一些，同时声道振动也大一些，产生的语音振幅也就大一些，声音听起来也饱满一些；反之，声音听起来小而无力。因此，能量可以作为语音个性特征参数。

声带为语音生成提供激励源，声带的开合使气流产生一系列的脉冲。声带开合一次所用的时间称为基音周期，它的倒数称为基音频率，简称基频。对于不同年龄不同性别的人，声带的宽窄厚薄是不一样的，产生的语音的高低也不相同。例如，小孩子的声带比成年人短且薄，发出的声音更高更尖；而老年人则由于声带肌肉松弛，声音要粗且低一些。音高的变化范围及变化模式是影响个性化语音特征的又一个重要因素。

声带振动产生的音波经过声道（口腔、鼻腔）产生共鸣，使得声音的基波和各次谐波能量得到加强。不同声道对声音的基波和各次谐波产生的共鸣影响不同，从而使不同人发出具有不同音色的声音来。声音在声道中受到滤波，使得声音频谱能量发生变化，部分频谱能量得到加强，部分频谱能量减弱，形成共振峰。不同人的语音，共振峰处于不同位置。因此，共振峰的位置、带宽及幅度都能反映语音个性特征。

② 基音频率。

声带每开启和闭合一次的振动时间就是基音周期，基音频率简称基频，表示声带振动的基础频率，即每秒声带振动的次数，是基音周期的倒数，单位为 Hz。基频的大小与声带的长短、薄厚、韧性、劲度、发音习惯，以及它所受的张力有关。人类语音的基频范围在 $70 \sim 350$Hz，一般来说，女性语音的基频高于男性，小孩语音的基频高于成人。对于汉语来说，基音的变化模式称为声调，声调在汉语中有辨义作用，因此基音频率能反映说话人的个性特征。

③ 共振峰。

声道可以看成是一个发音的腔体，当声带脉冲激励使声道以最大的振幅振荡时，这个频率就是共振频率，简称共振峰。共振峰语音表现为在特定频域聚集大量的能量。共振峰反映声道的谐振特征，代表发音信息的来源。语音基频和倍音的频率与说话人发音时肺部气流的力量及声带紧张度有关，而这些基频和倍频的复合音在声道内会产生共鸣，不同的元音是由于口腔共鸣的不同形状造成的，也就是说，共振峰与元音的音色紧密相关。

共振峰与元音舌位的关系可以概括如下：第一个共振峰与元音舌位的高低有关，第一共振峰频率越低，这个元音的舌位就越高；第二个共振峰与舌位的前后有关，第二共振峰频率越低，这个元音的舌位就越靠后。因为人的发音器官和发音习惯不同，所以不同人发同一个元音时，共振峰的频率不可能绝对相同。但是同一个元音的共振峰频率位置的变化是在同一个范围内的，虽然不相同，但是能辨别出是同一个音。

④ 时长。

时长反映语音的韵律特征。每个人都有自己习惯的发音节奏和语速，所以时长也能表示语音的个性特征。语音时长属于超音段特征，容易改变，对其准确的建模比较困难。不同的语音当发音速率不同时，观察到的时域波形相同，而时长不同，所以改变时就是要改变发音速度，频谱内容不变。

⑤ 短时能量。

短时能量是说话人韵律特征的一个重要方面，它代表了语音的强弱，听觉上表现为音量的高低。语音信号的能量是随时间变化的，清音和浊音的能量不同，不同的情绪状态下发同一个音时能量差别可能很大。

任务实施

实现基于 pyttsx
的语音合成

基于 pyttsx 语音包实现简单的语音合成，修改个性化声学特征参数，分析语音合成效果。

操作准备

（1）了解 pyttsx 的用法。pyttsx 是一个文本到语音引擎的 Python 包，支持 Mac OS X、Windows 和 Linux 操作系统。

（2）了解 pyttsx 的安装，使用的命令如下：

```
pip install pyttsx
pip install pyttsx3
conda install pyttsx3
```

操作步骤

步骤 1：安装 Python 的语音包 pyttsx。

步骤 2：输入简单语音合成程序，参考代码如下：

```
import pyttsx3
# 初始化一个语音合成引擎
engine = pyttsx3.init()
# 语音合成
engine.say("实现简单语音合成")
# 运行且等到播放完毕
engine.runAndWait()
```

运行程序，体验合成效果。

步骤 3：修改语音音量。

（1）先获取朗读的音量，参考代码如下：

```
import pyttsx3
engine = pyttsx3.init()
# 获取音量并输出
volume = engine.getProperty("volume")
print(volume)
```

（2）修改音量值为 0.1，参考代码如下：

```
import pyttsx3
engine = pyttsx3.init()
# 设置音量值为 0.1
engine.setProperty("volume", 0.1)
engine.say("音量调整")
engine.runAndWait()
```

```
# 读取音量并输出
volume = engine.getProperty("volume")
print(volume)
```

这里有一点需要注意，设置的音量值必须为 0.0～1.0。

步骤 4：修改朗读语速。

（1）获取语速，参考代码如下：

```
import pyttsx3
engine = pyttsx3.init()
# 获取语速并输出
rate = engine.getProperty("rate")
print(rate)
```

可以看到，语速的默认值为 200。

（2）修改语速为 300，参考代码如下：

```
import pyttsx3
engine = pyttsx3.init()
# 设置语速为 300
engine.setProperty("rate", 300)
engine.say("语速调整")
engine.runAndWait()
rate = engine.getProperty("rate")
print(rate)
```

步骤 5：修改合成器（pyttsx3 提供了不同的合成器）。

（1）输出合成器信息，参考代码如下：

```
import pyttsx3
engine = pyttsx3.init()
# 获取所有合成器并输出
voices = engine.getProperty("voices")
print(voices)
```

运行代码，发现 pyttsx3 提供了两个合成器。

（2）修改合成器的类别，参考代码如下：

```
import pyttsx3
engine = pyttsx3.init()
# 获取所有合成器
voices = engine.getProperty("voices")
# 设置合成器为第 2 个（索引为 1，注意 id 属性）
engine.setProperty("voice", voices[1].id)
engine.say("wangzirui32")
engine.runAndWait()
```

经测试，第 2 个合成器只能合成英文音频，不能合成中文音频。

步骤 6：将文本输出到音频。

可以使用 engine 的 save_to_file()函数，参考代码如下：

```
import pyttsx3
engine = pyttsx3.init()
# 朗读音频保存
engine.save_to_file("我是 wangzirui32，我喜欢 Python!", "output.mp3")
# 运行
engine.runAndWait()
```

运行代码，就可以在当前目录下看到 output.mp3 音频文件了。

任务评价

本任务的评价表如表 5-9 所示。

表 5-9　任务评价表

任务评价表				
单元名称	语音合成技术及应用开发	任务名称		
班级		姓名		
评价维度	评价指标	评价主体		分值
		自我评价	教师评价	
知识目标达成度	理解语音的个性特征是如何产生的			10
	理解语音合成的技术框架			10
	理解参数法和波形拼接法语音合成的内涵			10
能力目标达成度	能根据需求选择不同的语音合成方法			10
	能根据需求调整语音合成的个性化参数			10
	能利用 Python 语音包实现语音合成			10
素质目标达成度	具备良好的工程实践素养			10
	善于发现问题、解决问题			10
	具备严谨认真、精益求精的工作态度			10
团队合作达成度	团队贡献度			5
	团队合作配合度			5
总达成度=自我评价×50%+教师评价×50%				100

任务 5.3　实现基于 AI 开放平台的语音合成

任务情境

讯飞语音合成支持 Android、HarmonyOS、iOS、Linux、Windows 等操作系统，如图 5-7 所示，用户可以根据实际开发需求，选择相应开发者资源。

< 开发者资源 >

Android	iOS	Linux
Android平台SDK，助您在 Android 平台上构建智能语音应用	iOS平台智能语音SDK开发者资源，快速集成智能语音能力	Linux平台智能语音SDK开发者资源，快速集成智能语音能力
SDK文档	SDK文档	SDK文档
Java	Windows	WebAPI
Java平台智能语音SDK开发者资源，快速集成智能语音能力	Windows平台SDK，助您在Windows平台上构建智能语音应用	可直接调用的WebAPI接口，具备流式传输能力，具备轻量、跨平台的特点
SDK文档	SDK文档	开发文档
HarmonyOS		
HarmonyOS平台智能语音SDK开发者资源，快速集成智能语音能力		
SDK文档		

图 5-7　选择开发者资源界面

任务布置

1．了解讯飞开放平台语音合成 **API** 的使用方法。
2．熟悉语音合成系统的开发流程。
3．完成语音合成实战。

实现基于开放平台的语音合成

知识准备

5.3.1　基于讯飞开放平台的语音合成流程及接口应用

讯飞语音合成平台支持的语种与语音识别一致，包括中文普通话、英文、其他语种（如法语、韩语、芬兰语、意大利语、匈牙利语、乌克兰语、葡萄牙语、越南语、蒙古语、缅甸语、西班牙语、南非语等 52 个语种）、汉语方言（四川话、河南话、武汉话、广东话、甘肃话、上海话等 25 种汉语方言）。

讯飞语音能力通过 Websocket API 给开发者提供一个通用的接口。Websocket API 具备流式传输能力，适用于需要流式数据传输的 AI 服务场景。相较于 SDK，API 具有轻量、跨语言的特点；相较于 HTTP API，Websocket API 协议具有原生支持跨域的优势。

（1）接口要求。

集成在线语音合成流式 API 时，需按照表 5-10 所示的接口要求进行。

表 5-10　接口要求

内　容	说　明
请求协议	ws[s]（为提高安全性，强烈推荐 wss）
请求地址	可在在线语音合成 WebAPI 文档中查询
请求行	GET /v2/tts HTTP/1.1
接口鉴权	签名机制，详情请参照下方接口鉴权
字符编码	UTF8、GB2312、GBK、BIG5、UNICODE、GB18030
响应格式	统一采用 JSON 格式
开发语言	任意，只要可以向讯飞云服务发起 Websocket 请求即可
操作系统	任意
音频属性	采样率 16kHz 或 8kHz
音频格式	PCM、Mp3、speex（8kHz）、speex-wb（16kHz）
文本长度	单次调用长度需小于 8000 字节（约 2000 个汉字）
说话人	中英多语种、粤川豫多方言、小语种、男女声多风格，可以在线体验说话人效果

（2）接口调用流程。

• 通过接口密钥基于 HMAC-SHA256 计算签名，向服务器端发送 Websocket 协议握手请求。详见下方接口鉴权。

• 握手成功后，客户端通过 Websocket 连接同时上传和接收数据。数据上传完毕，客户端需要上传一次数据结束标志。详见下方接口数据传输与接收。

• 接收到服务器端的结果全部返回标志后断开 Websocket 连接。

Websocket 的使用注意事项如下：

① 服务器端支持的 Websocket-version 为 13，请确保客户端使用的框架支持该版本。

② 服务器端返回的所有的帧类型均为 TextMessage，对应于原生 Websocket 的协议帧中 opcode=1，请确保客户端解析到的帧类型一定为该类型，如果不是，请尝试升级客户端框架版本，或者更换技术框架。

③ 如果出现分帧问题，即一个 JSON 数据包分多帧返回给了客户端，导致客户端解析 JSON 失败，出现这种问题大部分情况是客户端的框架对 Websocket 协议解析存在问题，请先尝试升级框架版本，或者更换技术框架。

④ 客户端会话结束后如果需要关闭连接，尽量保证传给服务器端的错误码为 Websocket

的错误码 1000（如果客户端框架没有提供关闭连接时传递错误码的接口，则无须关注本条）。

（3）白名单。

默认关闭 IP 地址白名单，即该服务不限制调用 IP 地址。白名单使用规则与语音识别一致。

（4）接口鉴权。

在握手阶段，请求方需要对请求进行签名，服务器端通过签名来校验请求的合法性。

① 鉴权方法。通过在请求地址后面加上鉴权相关参数的方式。

鉴权参数、date 参数生成规则、authorization 参数生成规则等同语音识别一致。

生成的 authorization 参数示例如下：

```
authorization=aG1hYyBlc2VybmFtZT0iZGE0ZjMyOWUyZmQwMGQ1NjE4NjVjNjRkZjU3ND
NiMjAiLCBhbGdvcml0aG09ImhtYWMtc2hhMjU2IiwgaGVhZGVycz0iaG9zdCBkYXRlIHJlcXVlc3
QtbGluZSIsIHNpZ25hdHVyZT0ic1RtbzRoDBMdmRLWTRLRjltcGJKKV0htRFFzNC8xZ2ZPdUgwZn
BZbVdnbno2i
```

② 鉴权 url 示例（golang）如下：

```
//@hosturl : like wss://tts-api.xfyun.cn/v2/tts
//@apikey : apiKey
//@apiSecret : apiSecret
func assembleAuthUrl(hosturl string, apiKey, apiSecret string) string {
    ul, err := url.Parse(hosturl)
    if err != nil {
        fmt.Println(err)
    }
    //签名时间
    date := time.Now().UTC().Format(time.RFC1123)
    //参与签名的字段为 host、date、request-line
    signString := []string{"host: " + ul.Host, "date: " + date, "GET " +
ul.Path + " HTTP/1.1"}
    //拼接签名字符串
    sgin := strings.Join(signString, "\n")
    //签名结果
    sha := HmacWithShaTobase64("hmac-sha256", sgin, apiSecret)
    //构建请求参数,此时不需要 urlencode
    authUrl := fmt.Sprintf("api_key=\"%s\", algorithm=\"%s\", headers=
\"%s\", signature=\"%s\"", apiKey, "hmac-sha256", "host date request-line", sha)
    //将请求参数使用 Base64 编码
    authorization:= base64.StdEncoding.EncodeToString([]byte(authUrl))
    v := url.Values{}
    v.Add("host", ul.Host)
```

```
        v.Add("date", date)
        v.Add("authorization", authorization)
        //将编码后的字符串 url encode 后添加到 url 后面
        callurl := hosturl + "?" + v.Encode()
        return callurl
}
```

如果握手成功，则会返回 HTTP 101 状态码，表示协议升级成功；如果握手失败，则根据不同错误类型返回不同 HTTP Code 状态码，同时携带错误描述信息（见表 3-3）。

握手失败返回示例如下：

```
HTTP/1.1 401 Forbidden
Date: Thu, 06 Dec 2018 07:55:16 GMT
Content-Length: 116
Content-Type: text/plain; charset=utf-8
{
    "message": "HMAC signature does not match"
}
```

（5）接口数据传输与接收。

握手成功后，客户端和服务器端会建立 Websocket 连接，客户端通过 Websocket 连接可以同时上传和接收数据。

客户端每次会话只要发送一次文本数据和参数，引擎有合成结果时会推送给客户端。当引擎的数据合成完毕时，会返回结束标志，具体为：

```
{
  "data":{
      ….#其他参数
      "status":2
  }
}
```

请求参数。请求数据均为 JSON 字符串，同语音识别一致（见表 3-4）。其中：

• 公共参数说明（common）如表 5-11 所示。

表 5-11　公共参数说明

参　数　名	类　　型	必　传	描　　述
app_id	string	是	在平台申请的 APPID 信息

• 业务参数说明（business）如表 5-12 所示。

表 5-12　业务参数说明

参　数　名	类　型	必　传	描　　　述	示　　　例
aue	string	是	音频编码，可选值如下： raw：未压缩的 PCM lame：Mp3（当 aue=lame 时需传参 sfl=1） speex-org-wb;7：标准开源 speex（for speex_wideband，即 16kHz），数字代表指定压缩等级（默认等级为 8） speex-org-nb;7：标准开源 speex（for speex_narrowband，即 8kHz），数字代表指定压缩等级（默认等级为 8） speex;7：压缩格式，压缩等级为 1～10，默认为 7（8kHz 讯飞定制 speex） speex-wb;7：压缩格式，压缩等级为 1～10，默认为 7（16kHz 讯飞定制 speex）	"raw" "speex-org-wb;7"数字代表指定压缩等级（默认等级为 8），数字必传 标准开源 speex 编码及讯飞定制 speex 说明请参考音频格式说明
sfl	int	否	需要配合 aue=lame 使用，开启流式返回 mp3 格式音频 取值：1 为开启	1
auf	string	否	音频采样率，可选值如下： audio/L16;rate=8000：合成 8kHz 的音频 audio/L16;rate=16000：合成 16kHz 的音频 auf 不传值：合成 16kHz 的音频	"audio/L16;rate=16000"
vcn	string	是	说话人，可选值：请到控制台添加试用或购买发音人，添加后即显示发音人参数值	"xiaoyan"
speed	int	否	语速，可选值：[0～100]，默认为 50	50
volume	int	否	音量，可选值：[0～100]，默认为 50	50
pitch	int	否	音高，可选值：[0～100]，默认为 50	50
bgs	int	否	合成音频的背景音 0：无背景音（默认值） 1：有背景音	0
tte	string	否	文本编码格式 GB2312 GBK BIG5 UNICODE（小语种必须使用 UNICODE 编码，合成的文本需使用 UTF16 小端的编码方式） GB18030 UTF8（小语种）	"UTF8"

参 数 名	类 型	必 传	描 述	示 例
reg	string	否	设置英文发音方式： 0：自动判断处理，如果不确定将按照英文词语拼写处理（默认） 1：所有英文按字母发音 2：自动判断处理，如果不确定将按照字母朗读，默认按英文单词发音	"2"
rdn	string	否	合成音频数字发音方式 0：自动判断（默认值） 1：完全数值 2：完全字符串 3：字符串优先	"0"

• 数据参数说明（data）如表 5-13 所示。

表 5-13　数据参数说明

参 数 名	类 型	必 传	描 述
text	string	是	文本内容，需进行 Base64 编码。Base64 编码前最大长度需小于 8000 字节，约 2000 个汉字
status	int	是	数据状态，固定为 2 注：由于流式合成的文本只能一次性传输，不支持多次分段传输，此处 status 必须为 2

请求参数的示例如下：

```
{
  "common": {
    "app_id": "12345678"
  },
  "business": {
    "aue": "raw",
    "vcn": "xiaoyan",
    "pitch": 50,
    "speed": 50
  },
  "data": {
    "status": 2,
    "text": "5q2j5Zyo5Li65oKo5p+l6K+i5ZCI6..."
  }
}
```

数据上传结束标志的示例如下：

```
{
"data":{
  "status":2
    }
}
```

返回参数说明如表 5-14 所示。

表 5-14　返回参数说明

参　数　名	类　　型	描　　述
code	int	返回码，0 表示成功，其他表示异常，详情请参考错误码
message	string	描述信息
data	object	data 可能返回为 null，参考示例代码时，注意进行非空判断
data.audio	string	合成后的音频片段，采用 Base64 编码
data.status	int	当前音频流状态，1 表示合成中，2 表示合成结束
data.ced	string	合成进度，指当前合成文本的字节数 注：请注意合成是以句为单位切割的，若文本只有一句话，则每次返回结果的 ced 是相同的
sid	string	本次会话的 id，只在第一帧请求时返回

返回参数的示例如下：

```
{
    "code":0,
    "message":"success",
    "sid":"ttsxxxxxxxxxxx",
    "data":{
        "audio":"QAfe..........",
        "ced":"14",
        "status":2
    }
}
```

5.3.2　语音合成产品的评价

随着语音合成技术的发展，语音合成（TTS）已经被应用于生活中的各个场景，实现了语音合成技术的应用落地。例如，在小说 App、说书 App 的语音播报工作，以及现在比较火热的语音交互产品。语音合成的各种应用说明它不仅仅是一项技术，更是一款产品，作为产品，可以用哪些指标来衡量呢？

下面介绍两类衡量 TTS 产品的指标：效果指标和性能指标。

（1）效果指标。

① MOS 值。关于 TTS 合成效果的评判标准，目前行业内普遍认可的是 MOS 值测试。这一测试方法涉及邀请业内专家对合成的音频效果进行打分，分值范围为 1 至 5 分，最终

通过计算平均分得出 MOS 值。显然，MOS 值测试是一种主观评分方式，其评分结果与个人对音色的偏好、对合成音频内容场景的理解，以及对语音合成技术的熟悉程度密切相关。因此，这种测试方式可谓仁者见仁、智者见智。

由于对 TTS 合成效果的评判具有主观性，这导致在一些项目验收过程中，难以明确具体的验收标准。以定制音库项目为例，客户希望获得一个独有的定制音库，而验收成功的关键通常在于客户对合成音频效果的满意度，这是一个相当主观的标准。那么，如何界定"满意"呢？对于 TTS 厂商而言，这显然存在不公平之处。因此，我们需要寻找一些可量化的标准，以确保项目能够顺利验收，并避免双方因合成效果而产生分歧。

在此，我们推荐将语音合成效果进行量化处理，即对原始录音和合成音频进行盲测打分（采用 MOS 值测试）。如果合成音频的 MOS 值能达到原始录音的 85%（具体数值可根据项目实际情况进行调整）以上，即可视为验收合格。打分团队可以包括客户和 TTS 厂商的代表，也可以邀请第三方机构参与，以确保评分的公平性。

尽管 MOS 值测试是一种主观的测试方式，但它仍具有一定的评判标准。在打分过程中，我们可以关注合成音频中的多音字读法、当前场景下的数字播报方式、英语播报方式，以及韵律方面的表现，如词语是否连读、重读位置是否准确、停顿是否合理、音色是否符合当前场景等。这些因素都可以作为打分时得分或失分的依据。

分享一个简单的 MOS 值评分标准，如表 5-15 所示。

表 5-15　MOS 值评分标准

MOS 值	描　　述
5	非常好，非常自然。语音达到了播音级水平，很难区分合成语音和广播语音的区别，听起来非常相似。从整体上来说语音清晰流畅，声音悦耳动听，非常容易理解，听音人非常乐意接受
4.5	很好，自然。听起来完全没有明显不正常的韵律起伏，比较清晰流畅，比较容易理解，达到了人们普通对话的质量，听音人愿意接受
4	较好。没有出现明显的语调错误和严重的韵律错误，有很少的一两个音节不太清楚，听音人可以没有困难地理解语音的内容，听音人多数认为可以接受
3.5	还可以，不太自然。语音还算流畅，语音中的错误比较少，偶尔有几个音节不太清楚，韵律起伏比较正常，错误比较少，多数听音人勉强可以接受
3	可接受。语音不太流畅，有比较容易察觉的语言错误，有一些不太正常的韵律起伏，一般情况下可以努力理解语音的内容，听音人不太愿意接受
2	差。语音不流畅，听起来只是把单独的音节简单地堆积到一起，没有正常的韵律起伏，有一些词不是太清晰，难以理解，整体上听音人可以听懂一些内容，但是不能接受

② ABX 测评。合成效果对比性测试，选择相同的文本及相同场景下的音色，用不同的 TTS 系统合成来对比哪个的合成效果较好，也是人为的主观判断，但是具有一定的对比性。

（2）性能指标。

① 实时率。在语音合成中，合成方式分为非流式合成和流式合成，非流式合成指的是一次性传入文本，一次性返回合成的文本音频；流式合成指的是文本传输给 TTS 时，TTS 会分段传回合成的音频，这样可以减少语音合成的等待时间，在播报的同时也在合成，不用等到整段音频合成完再进行播报。所以关于语音合成时间的一个指标就是实时率。实时率等于文字合成所需时长除以文字合成出的音频总时长：

$$实时率 = \frac{文字合成所需时长}{文字合成出的音频总时长}$$

为什么讲实时率会说到非流式合成和流式合成呢？因为在流式合成场景中，开始合成的时候也就开始了播报，音频合成完成也就完成了播报，不会产生等待的过程，这主要应用于语音交互场景，如智能机器人收到语音信号之后，马上就可以给予答复，不会让用户等太久。所以为了确保用户的最佳体验，要求文字合成所需时长≤文字合成出的音频总时长，也就是实时率要小于等于 1。

② 首包响应时间。在流式合成中，分段合成的音频会传输给客户端或播报系统，在合成首段音频时，也会耗费时间，这个耗时称为"首包响应时间"。为什么要统计这个时间呢？因为在语音交互中，根据项目经验及人的容忍程度，当用户说完话时，在 2000ms（1500ms体验就更佳）之内，机器人就要开始播报回复，这样就不会感觉有空白时间或停顿点，如果时间超过 2000ms，会明显感觉有一个等待的时间，使用户体验不佳，性子急的用户可能就终止了聊天。2000ms 的时间不只是 TTS 的首包响应时间，还有 ASR（语音识别）和 NLP（自然语言处理）所消耗的时间，所以 TTS 首包响应时间要控制在 500ms 以内，确保给 ASR 和 NLP 留有更多的时间。

③ 并发数。人工智能的发展主要有三个方面，分别为算法、算力和数据，这里讲的性能指标相当于算力的部分。目前承载算力的服务器有 CPU 服务器和 GPU 服务器。前面说到实时率的指标是要小于等于 1 的，那么如果实时率远小于 1，是不是会对服务器造成浪费呢？所以上面说的实时率是针对 CPU 服务器单核单线程时，或者 GPU 服务器单卡单线程时，则实时率的公式可以为：

$$单核单线程实时率 = \frac{n段文字合成所需时长}{n段文字合成出的音频时长}$$

为了资源的利用最大化，只需确保实时率接近 1 或等于 1，无须远小于 1，所以当单核单线程实时率远小于 1 时，就可以实现一核二线、一核三线的线程数，使得实时率接近 1，这个一核"二线""三线"的"几线"说的就是并发数，准确说是单核并发数。那么并发数怎样计算呢？举个例子，如果单核单线程的并发数是 0.1，则一核 10 线程的并发数就是 1，也就是说满足需求的，就可以按照这个并发数给客户提供。并发数的计算公式如下：

$$单核并发数 = \frac{1}{单核单线程实时率}$$

所以当用户需要 200 线程的语音合成并发数时，按 0.1 的实时率，一核十线只需要 20核的 CPU 服务器，则跟客户要求 24 核的 CPU 服务器即可满足需求，也为客户节约了成本。

④ 合成 100 个字所需时间（1s 能合成字数）。有些客户对于实时率和响应时间这些概念是比较模糊的，但是会询问 TTS 合成 100 个字需要多少时间或者 1s 能合成多少个字，所以为了方便与客户沟通，需要知道 TTS 合成 100 个字消耗的时间。

例如，按照正常的播报速度，1s 可以播报 4 个字左右，100 个字的音频时长大概是 25s，假如实时率为 0.1，根据当前的实时率计算公式，算出合成时间为 2.5s，1s 合成的字数（100除以 2.5）为 40 个字。

以上简单介绍了语音合成产品涉及的一些参数指标，还有一些测试时需要了解的指标数据，如 CPU 占用、内存占用、DPS（单位时间合成的音频总时长）、TPS（单位时间合成的音频任务数）及 TP99，感兴趣的读者可以自行查询研究。

任务实施

实现语音合成的应用开发。调用讯飞开放平台提供的语音合成接口进行语音合成，并使用 Python 前端页面框架进行页面可视化交互操作，并实现工程调试。

实现基于讯飞开放平台的语音合成

操作准备

首先注册讯飞开放平台，注册完成后进入控制台，在控制台创建一个新应用，填写一些基本信息，注意应用平台选择 WebAPI。创建完成后，记录下 APPID、APIKey 和 APISecret，后续将在程序中用到。

另外，要在 IP 地址白名单中添加自己的外网 IP 地址，可以在相关网站查看自己的外网 IP 地址。

操作步骤

步骤 1：打开讯飞开放平台语言合成服务文档中心，在打开的页面中滚动到调用示例界面，下载 Demo，如图 5-8 所示。

图 5-8　Demo 下载界面

步骤 2：使用 Python IDLE、Anaconda、PyCharm 等打开 Demo，理解程序，并将在开放平台上获取的接口认证信息（APPID、APIKey 和 APISecret）填写到相应位置，如图 5-9 所示。

服务接口认证信息

APPID	1760█████
APISecret	ZDJhZWExM█GkNZdiMDI█rY█gwzj█gy█zlh
APIKey	fe90542█47█2█1ata71██80g5████

*SDK调用方式只需APPID。APIKey或APISecret适用于WebAPI调用方式。

图 5-9　服务接口认证信息界面

步骤 3：运行程序并进行调试，结果如图 5-10 所示。

------>开始发送文本数据
{'code': 0, 'message': 'success', 'sid': 'tts000d3405@hu1861c3811be04a0902', 'data': {'audio':
'AAAAAAAAAAAAAAAAAAAAAAAAAAAAAAAAAAAAAAAAAAAAAAAAAAAAAAAAAAAAAAAAAAAAAAAAAAAAAAAAAA

图 5-10   程序运行结果

5.3.3   语音合成应用开发中的问题盘点

1. 调试过程中的常见错误及解决方法

（1）问题提示：ModuleNotFoundError: No module named 'websocket'。

问题原因：出现这个错误是由于缺少"websocket"模块。

解决方法：执行以下命令即可：

```
pip install websocket==0.2.0
```

（2）问题提示：AttributeError: module 'websocket' has no attribute 'enableTrace'。

这种情况通常是由于未安装 Websocket 的依赖包或安装的版本不兼容所导致的。尽管通过 pip list 命令查看到 Websocket 库已经安装，如图 5-11 所示，但问题依然可能出现。

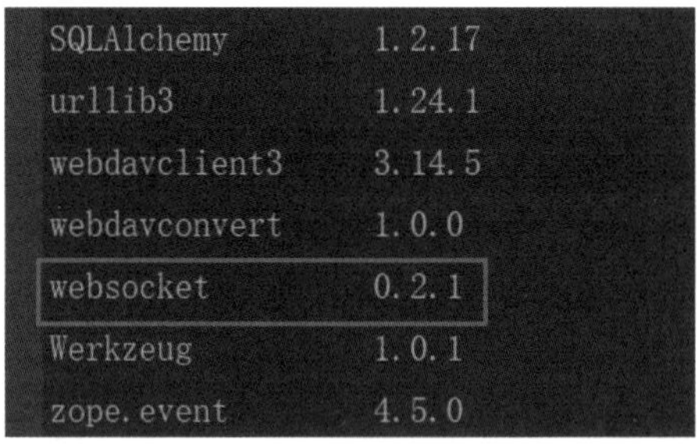

图 5-11   查看 Websocket 库

问题原因：这是由于 websocket.enableTrace(False)方法是在 websocket-client 库中的。

解决方法：安装 websocket-client 库，安装命令如下：

```
pip install websocket-client==0.57.0
```

（3）问题提示：用 pip install 命令无法安装第三方库并出现如下问题。

```
Note: you may need to restart the kernel to use updated packages.
```

解决方法：产生这个问题的原因是旧版本与代码用到的库版本冲突，要把所需要的库升级一下，更新到最新版本，命令如下：

```
pip install --upgrade 库名
```

如果还有问题，可以尝试以下几种方法。

① 完全关闭 Jupyter。将 Jupyter 的网页、后台全部关闭，如果使用的是 Anaconda，那么将 Anaconda 后台也退出。完全退出后重新进入 Jupyter 网页，使用"pip install 库名"命令安装。

② cmd 命令。按"Windows+R"组合键，在弹出的对话框中输入"cmd"进入终端。在命令行中切换到所使用的 Jupyter 本身的 Python 库目录下，使用"pip install 库名"命令安装。

③ 使用 PyCharm。路径为"File/settings/project xxx/Python Interpreter/Show All"，进入 PyCharm，切换到所使用的 Jupyter 的 Python 库，再单击界面上的"+"按钮，搜索库名，再单击"install Package"按钮。

（4）问题提示：error: Handshake status 401 Unauthorized。

状态码 401 Unauthorized 代表客户端错误，指的是由于缺乏目标资源要求的身份验证凭证，发送的请求未得到满足。

解决方法：首先在如图 5-12 所示的程序中找到如下位置。然后将在开放平台上获取的接口认证信息（APPID、APIKey 和 APISecret）填写到相应位置。

图 5-12　程序代码

2. 调试中的注意事项

基于讯飞开放平台开发的语音合成系统调试过程中，需注意以下事项。

① 当服务器端返回 data 为空的帧，并且错误码为 0 时，客户端可以直接忽略这种帧，不解析。

② 当语音合成返回的帧长度较时大，服务器端是可能会将一个消息分为多个 Websocket 帧返回给客户端。在这种情况下，客户端需要合并这些帧，大多数框架目前已经实现了这个功能；如若没有，可能会导致解析失败。

③ 当合成的音频无意义时，大多是因为客户端所用的字符编码格式和参数中传的值不一致，这时需要修改以确保 tte 传的值和字符编码格式保持一致。

④ 如果合成的音频效果不是期望的效果，可以通过更换说话人来解决（部分说话人需要开通权限）。

⑤ 如果使用小语种文本，须使用 Unicode 编码，且 tte=Unicode 或 UTF8 编码。

⑥ 如果 WebAPI 在线合成提示 11200 授权错误，一般是使用了未授权的说话人，请到控制台检查是否所用说话人未添加，或授权已到期；另外，若总合成交互量超过上限也会提示 11200 授权错误。

⑦ WebAPI 在线合成支持的音频格式包括 pcm、mp3、speex。

3. 常见错误码及处理方式（见表 5-16）

表 5-16 常见错误码及处理方式

错误码	错误描述	说明	处理方式
10005	licc fail	APPID 授权失败	确认 APPID 是否正确，是否开通了合成服务
10006	get audio rate fail	请求缺失必要参数	检查报错信息中的参数是否被正确上传
10007	get invalid rate	请求的参数值无效	检查报错信息中的参数值是否在取值范围内
10010	AIGES_ERROR_NO_LICENSE	引擎授权不足	请到控制台提交工单联系技术人员
10109	AIGES_ERROR_INVALID_DATA	请求文本长度非法	检查文本长度是否超出了限制
10019	service read buffer timeout, session timeout	session 超时	检查数据是否发送完毕但未关闭连接
10101	engine inactive	引擎会话已结束	检查引擎是否已结束会话但客户端还在发送数据，比如音频数据虽然发送完毕但并未关闭 Websocket 连接，还在发送空的音频等
10313	appid cannot be empty	APPID 不能为空	检查 common 参数是否被正确上传，或 common 中的 app_id 参数是否被正确上传或是否为空
10317	invalid version	版本非法	联系技术人员
11200	auth no license	没有权限	检查是否使用了未授权的说话人，或者总的调用次数已超越上限
11201	auth no enough license	日流控超限	可联系商务提高每日调用次数
10160	parse request json error	请求数据格式非法	检查请求数据是否为合法的 JSON
10161	parse base64 string error	Base64 解码失败	检查发送的数据是否使用了 Base64 编码
10163	param validate error:...	缺少必传参数，或者参数不合法，具体原因见详细的描述	① 检查报错信息中的参数是否被正确上传；② 检查上传的文本是否已超过最大限制
10200	read data timeout	读取数据超时	检查是否累计 10s 未发送数据且未关闭连接
10222	context deadline exceeded	网络异常	① 检查网络是否异常；② 如果调用过程中出现超时情况，且正在使用 Mp3 格式，则务必传递参数 sfl=1 以启用流式返回 Mp3 的功能。否则，由于文本长度过长，可能会导致调用超时

超出以上范围的错误时，可以查看讯飞开放平台提供的错误码查询表。

任务评价

本任务的评价表如表 5-17 所示。

表 5-17　任务评价表

任务评价表				
单元名称		任务名称		
班级		姓名		
评价维度	评价指标	评价主体		分值
		自我评价	教师评价	
知识目标达成度	理解不同语音合成开发资源针对的应用场景			10
	理解基于开放平台的语音合成流程			10
	掌握开放平台的语音合成接口的应用			10
能力目标达成度	能够应用讯飞开放平台调用语音合成服务			15
	能够实现基于讯飞开放平台的在线语音合成功能			15
素质目标达成度	具备良好的工程实践素养			10
	善于发现问题、解决问题			10
	具备严谨认真、精益求精的工作态度			10
团队合作达成度	团队贡献度			5
	团队合作配合度			5
总达成度=自我评价×50%+教师评价×50%				100

习题

1．描述语音合成的技术框架。
2．如何实现个性化的语音合成？有哪些途径？
3．开发针对不同应用场景的语音合成系统，可利用哪些开发资源？各有什么特色？
4．（拓展）开发一个简单实用的朗读系统，要求有可视化界面。

单元 6　语音评测技术应用

学习目标

- 能够掌握语音评测技术应用开发的基本框架，理解其中关键技术。
- 培养学生利用人工智能开放平台开发语音评测产品的技能。
- 培养学生解决工程问题的能力。
- 培养学生民族自豪感、专业自豪感，公平公正的职业态度和精益求精的工匠精神。

任务 6.1　了解语音评测的技术框架

任务情境

古诗是中华文化的重要组成部分。古诗节奏鲜明、音调和谐，非常讲究韵律，也有一定的朗诵技巧和标准。因此在古诗教育中，特别是针对刚开始接触古诗的学生，一个优美、标准的朗诵示范是非常必要的，且应该提供一种能让学生衡量自己和示范朗诵差异的方法。语音评测技术可以实现学生朗诵语音和示范朗诵语音之间的差距度量，且能逐句评分给学生提示，因此学生学习朗诵的效果便能被量化且有清晰的提升路径。

任务布置

1. 了解语音评测技术框架及评测系统开发的一般过程。
2. 能够清晰地描述每个步骤的功能和具体目标。
3. 能够理解流程中涉及的专业术语。

了解语音评测的
技术框架

知识准备

6.1.1　语音评测技术的内涵及术语

1. 什么是语音评测技术

语音评测技术又称口语评测技术、口语自动评估技术，是利用计算机辅助语言学习（Computer Assisted Language Learning）的一种技术。该技术针对口语发音水平和差错，通过机器自动对发音进行评分、检错并给出指导纠正的技术。通过该技术，可以用计算机对中文普通话或英文的发音进行标准评价和错误反馈指导。尤其在英语口语教学中，能有效地提高学生口语学习的效率和效果，所以，也有人把这项技术称为"AI 口语训练技术"。

（1）语音评测系统的输入及数据准备如下。

① 确定针对的评测语种（如英语、日语、德语等）。

② 以评测语种母语者标准语音为蓝本，针对评测发音特点设计评测维度。

③ 针对学习者母语（如汉语）发音特点定位可能存在的缺陷。

（2）评测系统的输出如下。

① 段落、句子、单词、音素多个级别维度的，包括语调、断句、完整度、流利度等多个方面的指导反馈。

② 针对各个级别和维度的分项和综合得分。

语音评测技术经过几十年的发展，在中英文发音标准程度、口语表达能力等评测任务上已经超越了人类口语评测专家水平，目前该技术被普遍使用在中英文的口语评测和定级中。

2. AI 语音评测多维度应用层级

下面围绕 AI 语音评测几个维度的应用层级，来理解语音评测的功能和应用。

（1）评测主体维度。

① 层级一：音素，例如音标中的[a:][æ]等。

② 层级二：单词/单音，如英语字母 ABCD 或单词 good。

③ 层级三：句子，由多个独立的单词拼接而成。

④ 层级四：段落，由多个独立的句子拼接而成。

⑤ 层级五：文章，由多个独立的段落拼接而成。

（2）指导反馈维度。

指导反馈维度展示了不同层级中指导反馈内容的维度和细粒度。以一个用户练习口语的场景为例，各层级的指导反馈维度如下。

① 层级一：仅提供用户发音和标准发音回放功能。

本层级用户体验：除非很简单的发音，否则大多用户对发音细节、进步程度和改进点感到茫然。

② 层级二：提供用户发音评分。

本层级用户体验：用户收到了量化的反馈，也可以感知到一些自身的进步，但用户仍不知道怎样从 70 分提高到 100 分。

③ 层级三：细粒度评分反馈。

在层级二的基础上，增加了细粒度的评分反馈，包括每个音素的评分、每个单音/单词中发音和声调的单项评分和整体评分。如果是句子，包括完整度、流利度、发音、语调、断句等多个维度的评分。

本层级用户体验：用户可以更精准定位到发音问题所在，但对于"纠正发音问题"还差一步。

④ 层级四：细粒度指导反馈。

层级四是在层级三的基础上，增加了音素级别的错误与正确读法的差别。例如，对英语文本 grandmother[ˈgrænmʌðər]，如用户实际发音为[ˈgrændmɔːdər]，则可给出的指导反馈有"[m]的发音前不应该有[d]""[ʌ]的发音不应该读成[ɔː]""[ð]的发音不应该读成[d]"等。

6.1.2 语音评测的技术框架

语音评测的技术框架如图 6-1 所示，包括三部分：标准模板库的建立、用户语音的预处理和特征提取，以及模式匹配。

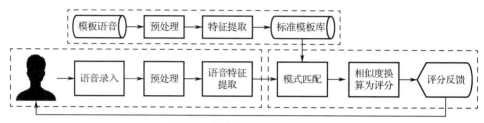

图 6-1 语音评测的技术框架

（1）标准模板库的建立。录制或选择发音标准的朗诵音频，对其进行预处理和特征提取，建立标准模板库。

（2）用户语音的预处理和特征提取。录入并存储用户的朗诵音频，对其进行预处理及语音特征提取。

（3）模式匹配。将待评测语音特征与相应标准模板库语音特征进行模式匹配，度量相似度，并将其换算为 0~100 分的评分。

（4）指导反馈。按照不同反馈层级，反馈相应的评分及指导纠正信息。

评测结果是多维度的，包括音素、语调、流利度、断句、完整度等内容。但不同语种下评测维度是不同的，这与语言的特性有关，因此需要针对不同语种单独定制评测的维度。以日语为例，不仅包括上述常规的语调、流利度等常规维度，同时也有单词音调、日语音拍、音高等其他维度的分析。如表 6-1 所示为某平台对中文和英文不同的评测维度。

表 6-1 某平台对中文和英文不同的评测维度

题型	中 文	中 文	英 文	英 文
	默认	使用全维度	默认	使用全维度
字	总分（total_score）	总分（total_score）	—	—
		声韵分（phone_score）		
词	总分（total_score）	总分（total_score）	总分（total_score） 音节得分（syll_score）	总分（total_score）
		声韵分（phone_score）		音节得分（syll_score）
		调型分（tone_score）		准确度分（accuracy_score）
句	总分（total_score）	总分（total_score）	总分（total_score） 音节得分（syll_score）	总分（total_score）
		完整度分（integrity_score）		音节得分（syll_score）
		流畅度分（fluency_score）		完整度分（integrity_score）
		声韵分（phone_score）		流畅度分（fluency_score）
		调型分（tone_score）		准确度分（accuracy_score）

基于讯飞开放平
台的语音评测

任务实施

实现简单的语音评测功能。

工作流程

（1）注册和登录人工智能开放平台，熟悉平台功能；创建语音评测应用，获得服务接口认证信息。

（2）从平台上下载 Demo，理解程序语句功能；在本地环境运行 Demo，得到评测结果。

（3）完成任务拓展。

操作步骤

1.　创建应用

步骤 1：注册登录平台。

（1）注册平台。进入讯飞开放平台注册页，可通过微信扫码注册、手机号注册，注册完整的开放平台账号，如图 6-2 所示。

（2）登录平台。进入讯飞开放平台快速登录页，可通过微信扫码、手机快捷登录或账号密码登录，如图 6-3 所示。

图 6-2　注册界面

图 6-3　登录界面

步骤 2：创建应用。

登录平台后，通过右上角的"控制台"或右上角下拉菜单的"我的应用"进入控制台，单击"创建新应用"按钮，填写应用名称及相关信息，单击"提交"按钮，完成应用创建，如图 6-4 所示。

注意：

• 支持一个账号创建多个应用。

• 在"我的应用"中可查看应用列表，进行应用切换。

• 单击应用名称，即可进入这个应用对应的服务管理页面。

• 同一个应用 APPID 可以用在多个业务上，没有限制。

图 6-4 创建应用

·考虑到多个业务共用一个 APPID 时无法区分业务统计用量，建议一个业务对应一个应用 APPID。

·应用名称的长度小于 10 个汉字或 20 个字符，不得含有特殊字符或空格。

·应用名称须用可识别性词语来命名。

·应用功能描述中不得包含特殊符号。

·应用名称、分类、应用功能与实际应用应有直接关联，未明确说明应用场景与功能的将被下架。

步骤 3：查看服务。

应用创建完成后，可以通过左侧的服务列表，选择要使用的服务，如图 6-5 所示。

图 6-5 服务列表

在服务管理面板中，将看到这个服务对应的实时用量、历史用量、服务接口认证信息，以及可调用的 API 和 SDK，如图 6-6 所示。

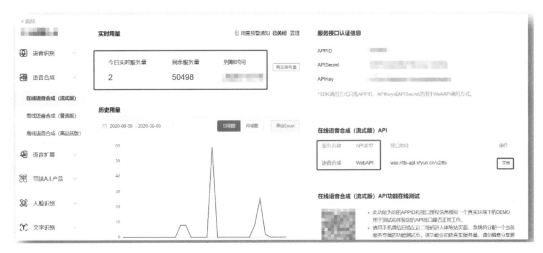

图 6-6　服务管理面板

步骤 4：调用语音评测 API。

（1）语音评测位于讯飞开放平台上的语音扩展服务下，如图 6-7 所示。

图 6-7　语音评测选项

（2）获取语音评测服务接口认证信息，如图 6-8 所示。

图 6-8　语音评测服务接口认证信息

（3）获取语音评测 API 的接口地址和对应的接口文档，如图 6-9 所示。

语音评测(普通版)API
服务名称
API类型
接口地址
操作
语音评测(普通版)
WebAPI
http[s]: //api.xfyun.cn/v1/service/v1/ise
文档

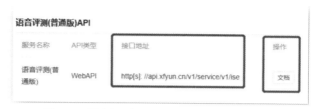

图 6-9　语音评测 API 的接口地址和文档界面

2. 语音评测的实现

步骤 1：从平台上下载 Demo，理解程序语句功能。

步骤 2：运行 Demo 程序。

（1）使用 Python IDLE、Anaconda、PyCharm 等都可以运行 Demo 程序，这里以 PyCharm 为例。如图 6-10 所示为下载到本地的示例 Demo。

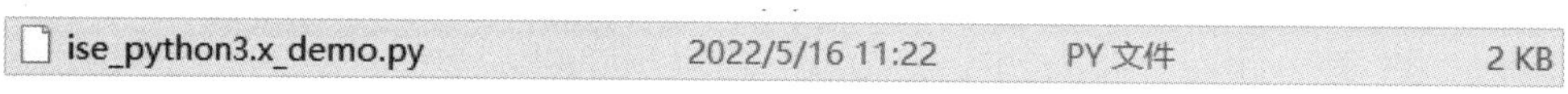
ise_python3.x_demo.py
2022/5/16 11:22
PY 文件
2 KB

图 6-10　示例 Demo

（2）将在开放平台上获取的接口认证信息填写到相应位置。x_appid 对应 APPID，api_key 对应 APIKey，如图 6-11 所示。

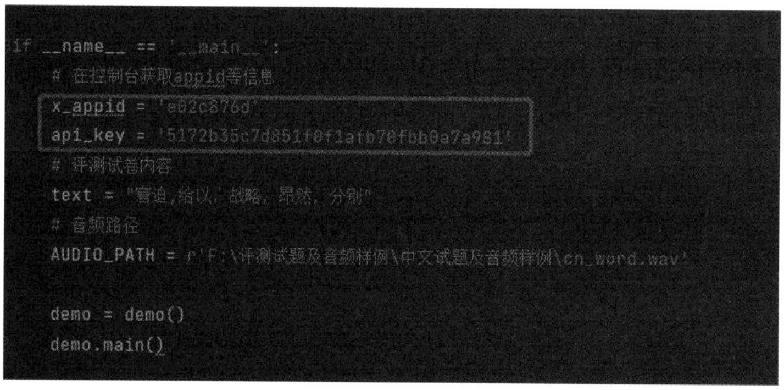
if __name__ == '__main__':
# 在控制台获取appid等信息
x_appid = 'e02c876d'
api_key = '5172b35c7d851f0f1afb70fbb0a7a981'
# 评测试卷内容
text = "窘迫,给以,战略,昂然,分别"
# 音频路径
AUDIO_PATH = r'F:\评测试题及音频样例\中文试题及音频样例\cn_word.wav'
demo = demo()
demo.main()

图 6-11　代码修改位置

（3）找到评测音频的本地路径，填写到 AUDIO_PATH 中，如图 6-12 和图 6-13 所示。

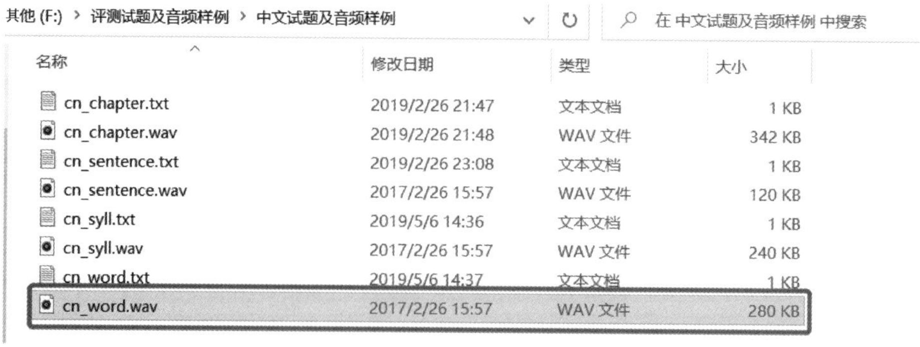
其他 (F:) › 评测试题及音频样例 › 中文试题及音频样例
在 中文试题及音频样例 中搜索
名称
修改日期
类型
大小
cn_chapter.txt 2019/2/26 21:47 文本文档 1 KB
cn_chapter.wav 2019/2/26 21:48 WAV 文件 342 KB
cn_sentence.txt 2019/2/26 23:08 文本文档 1 KB
cn_sentence.wav 2017/2/26 15:57 WAV 文件 120 KB
cn_syll.txt 2019/5/6 14:36 文本文档 1 KB
cn_syll.wav 2017/2/26 15:57 WAV 文件 240 KB
cn_word.txt 2019/5/6 14:37 文本文档 1 KB
cn_word.wav 2017/2/26 15:57 WAV 文件 280 KB

图 6-12　示例音频所在位置

```
if __name__ == '__main__':
    # 在控制台获取appid等信息
    x_appid = 'e02c876d'
    api_key = '5172b35c7d851f0f1afb70fbb0a7a981'
    # 评测试卷内容
    text = "窘迫,给以,战略,昂然,分别"
    # 音频路径
    AUDIO_PATH = r'F:\评测试题及音频样例\中文试题及音频样例\cn_word.wav'

    demo = demo()
    demo.main()
```

图 6-13　示例音频路径参数

（4）查看音频对应的文本文件内容，将相应文本内容填写到文本文件中，如图 6-14、图 6-15 和图 6-16 所示。

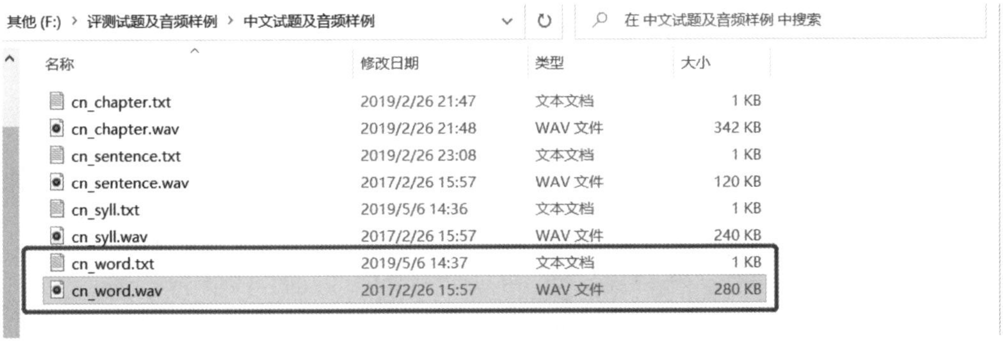

图 6-14　示例音频和文本文件

图 6-15　示例音频对应文本文件

（5）根据音频文件类型，修改相应的参数配置。

以此文件为例：language 修改为 zh_cn，category 修改为 read_word，如图 6-17 所示。

（6）运行程序，查看程序输出。正确输出结果如图 6-18 所示。返回的是 JSON 格式的音频评测结果，包含总分、音频始末位置、试卷内容等。如果有报错，根据报错信息解决相应问题。

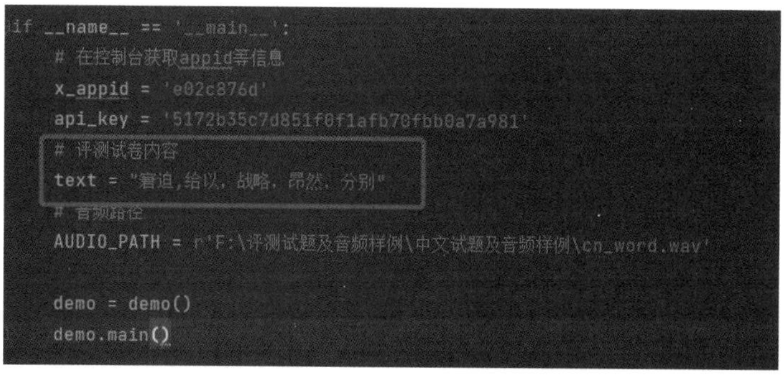

```
if __name__ == '__main__':
    # 在控制台获取appid等信息
    x_appid = 'e02c876d'
    api_key = '5172b35c7d851f0f1afb70fbb0a7a981'

    # 评测试卷内容
    text = "窘迫,给以、战略、昂然、分别"

    # 音频路径
    AUDIO_PATH = r'F:\评测试题及音频样例\中文试题及音频样例\cn_word.wav'

    demo = demo()
    demo.main()
```

图 6-16　示例音频代码修改

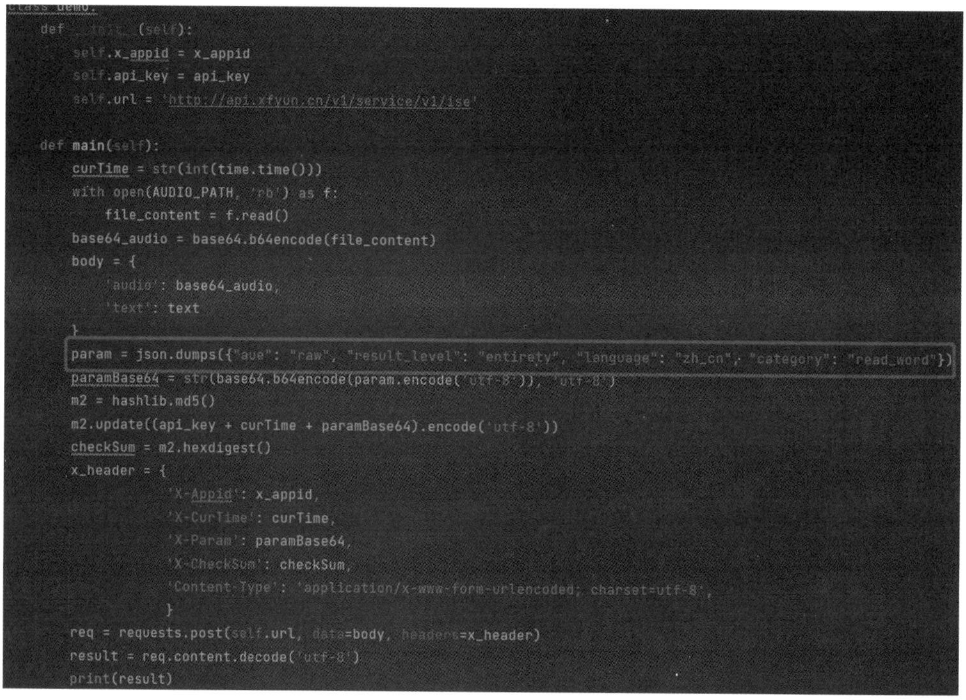

```
class demo:
    def __init__(self):
        self.x_appid = x_appid
        self.api_key = api_key
        self.url = 'http://api.xfyun.cn/v1/service/v1/ise'

    def main(self):
        curTime = str(int(time.time()))
        with open(AUDIO_PATH, 'rb') as f:
            file_content = f.read()
        base64_audio = base64.b64encode(file_content)
        body = {
            'audio': base64_audio,
            'text': text
        }
        param = json.dumps({"aue": "raw", "result_level": "entirety", "language": "zh_cn", "category": "read_word"})
        paramBase64 = str(base64.b64encode(param.encode('utf-8')), 'utf-8')
        m2 = hashlib.md5()
        m2.update((api_key + curTime + paramBase64).encode('utf-8'))
        checkSum = m2.hexdigest()
        x_header = {
            'X-Appid': x_appid,
            'X-CurTime': curTime,
            'X-Param': paramBase64,
            'X-CheckSum': checkSum,
            'Content-Type': 'application/x-www-form-urlencoded; charset=utf-8',
        }
        req = requests.post(self.url, data=body, headers=x_header)
        result = req.content.decode('utf-8')
        print(result)
```

图 6-17　修改参数配置

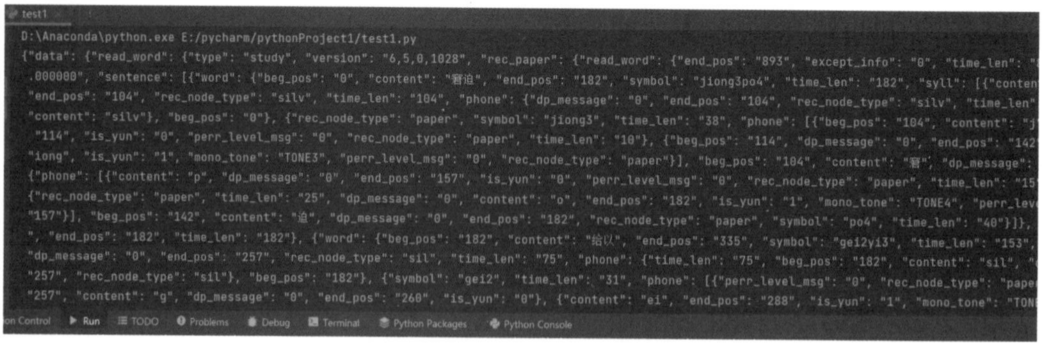

图 6-18　程序运行结果

至此，通过设置接口参数、修改评测音频路径和评测试卷内容、修改对应入口参数实现了对中文音频中词语的评测。

任务评价

本任务的评价表如表 6-2 所示。

表 6-2　任务评价表

任务评价表				
单元名称		任务名称		
班级		姓名		
评价维度	评价指标	评价主体		分值
		自我评价	教师评价	
知识目标达成度	理解语音评测概念			10
	理解 AI 语音评测多维度应用层级			10
	理解语音评测的技术框架			10
能力目标达成度	能够在开放平台创建应用			10
	能够利用 Demo 完成语音评测			10
	能理解评测反馈信息			10
素质目标达成度	具备良好的工程实践素养			10
	善于发现问题、解决问题			10
	具备严谨认真、精益求精的工作态度			10
团队合作达成度	团队贡献度			5
	团队合作配合度			5
总达成度=自我评价×50%+教师评价×50%				100

任务拓展

中文音频有字、词语、句子、篇章等类型，英文音频有单词、句子、篇章等类型。根据给定的参数表，评测不同类型的中英文音频文件，如表 6-3 和图 6-19 所示。

表 6-3　评测类型参数

参　　数	类　型	必　传	说　　明	示　　例
aue	string	是	音频编码 raw（未压缩的 pcm 格式音频） speex（标准开源 speex）	raw
speex_size	string	否	标准 speex 解码帧的大小 当 aue=speex 时，若传此参数，表明音频格式为标准 speex	70
result_level	string	否	评测结果等级 entirety（默认值） simple	entirety
language	string	是	评测语种 en_us（英语） zh_cn（汉语）	zh_cn

续表

参　数	类　型	必　传	说　明	示　例
category	string	是	评测题型 read_syllable（单字朗读，汉语专有） read_word（词语朗读） read_sentence（句子朗读） read_chapter（篇单朗读）	read_sentence
extra_ability	string	否	拓展能力 multi_dimension（全维度）	multi_dimension

此电脑 › 其他 (F:) › 评测试题及音频样例 ∨ ↻ ○ 在 评测试题及音频样例

名称	^	修改日期	类型	大小
英文试题及音频样例		2022/7/29 14:56	文件夹	
中文试题及音频样例		2022/7/29 14:56	文件夹	

图 6-19　中英文示例音频

任务 6.2　开发中文朗读发音评测系统

任务情境

截至 2020 年 6 月，我国参加普通话水平测试的人次已突破 8800 万。本任务要求设计一个中文朗读发音评测系统，对中文的朗读发音进行评分和问题定位，要求实现字、词、句三种题型评测，并返回准确度评分。语音评测单字效果演示如图 6-20 所示。

图 6-20　语音评测单字效果演示

语音评测词组效果演示如图 6-21 所示。

图 6-21　语音评测词组效果演示

语音评测句子效果演示如图 6-22 所示。

图 6-22　语音评测句子效果演示

任务布置

1. 了解讯飞开放平台 API 的使用方法。
2. 熟悉语音评测流程。
3. 完成语音评测实战。

开发中文朗读发
音评测系统

知识准备

6.2.1 基于 AI 开放平台的语音评测及相关术语

基于 AI 开放平台的语音评测框架如图 6-23 所示。

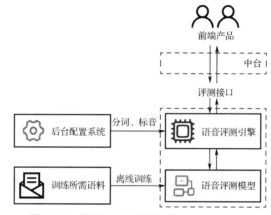

图 6-23 基于 AI 开放平台的语音评测框架

（1）用户根据给定的文本生成语音。

（2）前端产品通过评测接口上传音频至语音评测引擎。

（3）引擎以语音评测模型为基准，通过解码计算处理得到评测结果。

（4）通过评测接口将评测结果返回用户。

语音评测引擎：AI 评测解码和计算的核心模块，通过语音识别（ASR）解码转译，与给定的文本强制对齐，通过不同维度的算法得出指导反馈和评测得分。

后台配置系统：语音评测前，需将给定的文本拆分成独立的单词或单音/音素并存储在后台配置系统中，为语音评测引擎提供对齐标准。

语音评测模型与训练所需语料：使用语音评测引擎前，需使用适量的语料离线训练形成语音评测模型，该模型是引擎进行解码计算处理的依据。

DNN-HMM：深层神经网络-隐藏马尔科夫模型（Deep Neural Network-Hidden Markov Model），是目前流行较广的声学模型。

测评维度：包括发音准确度（音素/声调）、流利度、语调、断句、完整度等。

输入声音信号：通过接口将音频文件传输至后台语音评测引擎。

6.2.2 基于讯飞开放平台的语音评测流程及接口应用

语音评测是语音识别技术的一种运用，就是通过智能语音技术自动对发音水平进行评价。本实验中的语音评测能力接口是讯飞开放平台上的语音扩展服务下的语音评测，通过智能语音技术自动对两类语言的发音水平进行评价，分别是中文普通话发音和英文发音。本实验主要调用 Web 端的接口，用于语音评测的应用及结果解析。

1. 数据上传

该接口通过 HTTP API 的方式给开发者提供一个通用的接口，用于一次性交互数据传输的 AI 服务场景，即将音频一次性发送至云端，块式传输。

2. 接口要求

集成语音评测 API 时，需满足接口要求，如表 6-4 所示。

表 6-4　集成语音评测 API 的接口要求

内　　容	说　　　明
请求协议	http[s]（为提高安全性，强烈推荐 https）
请求地址	可在语音评测 WebAPI 文档中查询 注：服务器 IP 地址不固定，为保证接口稳定，请勿通过指定 IP 地址的方式调用接口，应使用域名方式调用
请求方式	POST
接口鉴权	签名机制，见表 6-5 授权认证
字符编码	UTF-8
响应格式	统一采用 JSON 格式
开发语言	任意，只要可以向讯飞云服务发起 HTTP 请求的均可
适用范围	任意操作系统，但因不支持跨域不适用于浏览器，请在后端调用接口
音频属性	采样率 16kHz、位长 16bit、单声道
音频格式	PCM、WAV、speex，样例音频可在语音评测 WebAPI 文档中下载
音频大小	音频数据按要求编码（Base64 编码后进行 urlencode）后大小不超过 5MB（WAV 格式约 2min）
语言种类	中文普通话、英文

3. 配置白名单

白名单配置规则与语音识别一致。如果服务器返回结果代码如下（illegal client_ip），则表示由于未配置 IP 白名单或配置有误，服务器端拒绝服务。

```
{
    "code":"10105",
    "desc":"illegal access|illegal client_ip",
    "data":"",
    "sid":"xxxxxx"
}
```

4. 接口调用流程

（1）通过接口密钥基于 MD5 计算签名，将签名及其他参数放在 HTTP Request Header 中。

（2）将音频数据及试题文本数据放在 HTTP Request Body 中，以 POST 表单的形式提交。

（3）向服务器端发送 HTTP 请求后，接收服务器端的返回结果。

接口地址示例如下：

```
POST http[s]://api.xfyun.cn/v1/service/v1/ise HTTP/1.1
Content-Type:application/x-www-form-urlencoded; charset=utf-8
```

5. 接口请求参数

在请求头 HTTP Request Header 中配置以下参数，如表 6-5 所示。

表 6-5　授权认证用参数

参　　数	格　　式	说　　　　明	必　传
X-Appid	string	讯飞开放平台注册申请的 APPID	是
X-CurTime	string	当前 UTC 时间戳 从 1970 年 1 月 1 日 0 点 0 分 0 秒开始到现在的秒数	是
X-Param	string	相关参数的 JSON 串经 Base64 编码后的字符串，业务参数详见表 6-6	是
X-CheckSum	string	令牌，计算方法为 MD5(APIKey + X-CurTime + X-Param)，三个值拼接的字符串，进行 MD5 哈希计算（32 位小写）	是

其中，X-CheckSum 的生成可用如下代码：

```
String APIKey="abcd1234";
String X-CurTime="1502607694";
String X-Param="eyAiYXVmIjogImF1ZGlvL0wxNjtyYXR...";
String X-CheckSum=MD5(APIKey + X-CurTime + X-Param);
```

X-Param 为各配置参数组成的 JSON 串经 Base64 编码之后的字符串，原始 JSON 串各字段说明如表 6-6 所示。

表 6-6　业务参数说明

参　　数	类　　型	必　传	说　　　　明	示　　例
aue	string	是	音频编码 raw（未压缩的 pcm 格式音频） speex（标准开源 speex）	raw
speex_size	string	否	标准 speex 解码帧的大小 当 aue=speex 时，若传此参数，表明音频格式为标准 speex	70
result_level	string	否	评测结果等级 entirety（默认值） simple	entirety
language	string	是	评测语种 en_us（英文） zh_cn（中文）	zh_cn

续表

参　数	类　型	必　传	说　明	示　例
category	string	是	评测题型 read_syllable（单字朗读，中文专有） read_word（词语朗读） read_sentence（句子朗读） read_chapter（篇章朗读）	read_sentence
extra_ability	string	否	拓展能力 multi_dimension（全维度）	multi_dimension

X-Param 生成示例如下：

原始 JSON 串：

```
{
    "aue": "raw",
    "result_level": "simple",
    "language": "en_us",
    "category": "read_sentence"
}
```

Base64 编码之后（X-Param）：

eyJhdWUiOiAicmF3IiwicmVzdWx0X2xldmVsIjogInNpbXBsZSIsImxhbmd1YWdlIjogImVu
X3VzIiwiY2F0ZWdvcnkiOiAicmVhZF9zZW50ZW5jZSJ9

请求体以 POST 表单形式提交的参数如表 6-7 所示。

表 6-7　请求体参数

参　数	类　型	必　传	说　明	示　例
audio	string	是	音频数据 Base64 编码后进行 urlencode 要求 Base64 编码和 urlencode 后大小不超过 5MB	exSI6ICJl...
text	string	是	评测文本（使用 UTF-8 编码）需 urlencode 要求长度，中文不超过 180 字节，英文不超过 300 字节	天气很好

注意：

（1）一般基础类库会默认进行 urlencode 处理，请注意不要重复处理。

（2）音频数据 Base64 编码后大小会增加约 1/3。

6. 接口返回参数

接口返回值为 JSON 串，各字段参数如表 6-8 所示。

表 6-8　接口返回参数

参　　数	类　　型	说　　明
code	string	结果码（具体见 SDK&API 错误码查询）
data	string	语音评测结果
desc	string	描述
sid	string	会话 ID

其中，sid 字段主要用于追查问题，如果出现问题，可以提供 sid 给讯飞技术人员帮助确认问题；data 即评测结果，其格式及字段含义详见语音评测结果说明文档。

例如，以下返回参数代表评测行为失败：

```
{
    "code": "10106",
    "desc": "invalid parameter|invalid X-Appid",
    "data": "",
    "sid": "wse0000bb3f@ch3d5c059d83b3477200"
}
```

以下返回参数代表评测行为成功：

```
{
    "data":{
        "read_word":{
            "lan":"en",
            "type":"study",
            "version":"6.5.0.1011",
            "rec_paper":{
                "read_word":{
                    "except_info":"28680",
                    "is_rejected":"false",
                    "total_score":"64.725080",
                    "sentence":[
                        {
                            "beg_pos":"0",
                            "content":"apple",
                            "end_pos":"129",
                            "word":{
                                "beg_pos":"79",
                                "content":"apple",
                                "end_pos":"129",
                                "total_score":"94.963020"
                            }
                        },
                        {
```

```
                    "beg_pos":"129",
                    "content":"banana",
                    "end_pos":"163",
                    "word":{
                        "beg_pos":"163",
                        "content":"banana",
                        "end_pos":"163",
                        "total_score":"0.000000"
                    }
                },
                {
                    "beg_pos":"163",
                    "content":"orange",
                    "end_pos":"226",
                    "word":{
                        "beg_pos":"163",
                        "content":"orange",
                        "end_pos":"226",
                        "total_score":"99.212200"
                    }
                },
                {
                    "content":"banana",
                    "end_pos":"359",
                    "word":{
                        "beg_pos":"265",
                        "content":"banana",
                        "end_pos":"318"
                    },
                    "beg_pos":"226"
                }
            ],
            "beg_pos":"0",
            "content":"apple banana orange",
            "end_pos":"359"
        }
      }
    }
  },
  "code":"0",
  "desc":"success",
  "sid":"wse00000001@l136940e324c59000100"
}
```

任务实施

实现语音评测系统开发。

操作准备

（1）检查试题格式。不支持自由说模式，需指定试题文本。参考语音评测 API 文档及讯飞开放平台文档中心。

（2）检查音频采集格式。语音评测支持 speex 编码压缩音频文件大小。请注意压缩前的原始音频文件，必须为采样率 16kHz、16bit、单声道的 PCM 或 WAV 格式。

语音评测案例流程如图 6-24 所示。

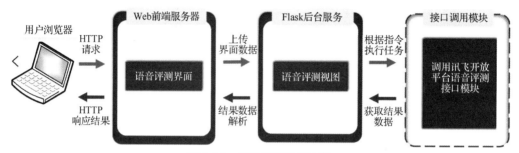

图 6-24　语音评测案例流程

操作步骤

要完成语音评测系统的设计，除了需要语音评测技术的实现，还要设计前端页面，实现操作与展示结果的可视化，参考的工程目录结构和说明如图 6-25 和表 6-9 所示。

图 6-25　语音评测系统工程目录结构

表 6-9　语音评测系统工程目录结构说明

模　块	地　位	功　能
Flask 轻量级 Web 框架	核心总控制器	处理前端请求，后端调用，完成整个任务
templates	前端：存放 html 模板文件	页面设计
static	前端：图文资源和静态文件	用来渲染模板
speech_evaluation_app.py	后端代码部分，调用其中的语音评测接口调用模块	用于音频的语音评测及返回结果的解析

首先登录讯飞开放平台，创建应用，获取语音评测服务接口认证信息和接口地址，然后执行以下操作。

步骤 1：建立 Flask Web 框架。

首先创建程序实例，然后定义路由、链接 url 和接收方法，再定义与路由相对应的视图函数，最后调用语音评测接口模块，代码如图 6-26 所示。

```
app = Flask(__name__) # 创建程序实例
@app.route(url, methods=' ') # 路由
def view_func(): # 视图函数
语音评测接口调用模块调用处理部分
return template 模板
```

图 6-26　建立 Flask Web 框架代码

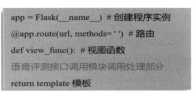

语音评测接口调用模块处理的流程（与效果图对应）如图 6-27 所示。

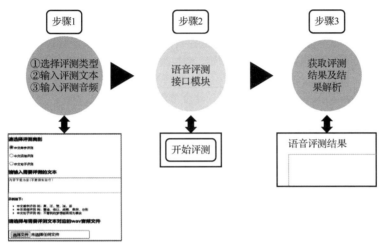

图 6-27　语音评测接口调用模块处理流程

修改代码如下：

```
app = Flask(__name__)  # 创建程序实例
@app.route('/', methods=['GET', 'POST'])
def speech_evaluation():  ←—— Flask Web 框架
    if request.method == 'GET':
        return render_template('home.html',result={})

catepory =request.form['category'] #1.获取评测类别
TEXT = request.form['TEXT'] #2.获取输入文本              步骤 1
if len(TEXT)== 0:
    return render_template('home.html',result={})
file=request.files.get('file') #3.获取文件
if not file:
    return render_template('home.html', result={ })         步骤 2

seclass=speech_eval_get_result(url,APPID, APIKey, category, TEXT, file) #语音评测接口调用模块
result=seclass.call_url() #获取语音评测结果及结果解析  ←—— 步骤 3
```

```
return render_template('home.html',result=result,catepory=catepory,catepory_
label==category_dict[category])
```

步骤 2：导入语音评测接口调用模块和库，代码如下：

```
from speech_eval_api_helper import speech_eval_get_result #导入 speech_
eval_api_helper.py 中调用讯飞开放平台接口的语音评测模块
from flask import Flask,render_template,request #导入 Flask Web 框架依赖的模块
```

步骤 3：在 speech_evaluation_app.py 文件中，给出讯飞开放平台语音评测接口相关信息，代码如下：

```
#讯飞开放平台的相关信息
APPID = "XXX" #讯飞开放平台 AppID，到控制台语音扩展评测页面获取
APIKEY = "XXX" #讯飞开放平台接口密钥，到控制台语音扩展评测页面获取
url = 'http://api.xtyun.cn/v1/service/v1/ise' #语音评测接口地址
category_dict ={'read syllable':'中文单字评测',
'read word':'中文词组评测',
'read sentence':'中文句子评测'
}
```

步骤 4：理解前端页面 home.html 的代码，并输入如下相关信息：

```
if request.method == 'GET':
return render_template('home .html',result={})
```

• 前端页面代码文件用于可视化语音评测过程，包括音频文件上传操作，解析后的结果输出展示。前端页面代码不是本实验的重点部分，对 home.html 文件代码不做具体介绍，可参看 templates 文件夹下的 home.html 文件。

选择评测类别，代码如下：

```
<form act1on="/" methoa= "POST" id= "upload" enctype= "multipart/form-data">
<!--输入评测类别-->
<h2>请选择评测类别</h2>
<div>
<input type="radio" checked="checked" name="category" value="read_syllable"
>中文单字评测
<br><br/>
<input type="radio" name="category" value="read word">中文词组评测
<br> <br/>
<input type="radio" name="category" value="read sentence">中文句子评测
</div>
```

输入评测文本，代码如下：

```
<!--输入文本-->
<h2>请输入需要评测的文本</h2>
<textarea name="TEXT" placeholder="内容不能为空"
```

```
style="..."
required></textarea>
<h4>示例如下:</h4>
<ul>
<li>中文单字评测 例:果，泛，宽，淌，丢</li>
<1i>中文词组评测 例:窘迫，给以，战略，昂然，分别</li>
<li>中文句子评测 例:不管我的梦想能否成为事实</li>
</ul>
```

上传音频文件，代码如下:

```
<!--上传文件-->
<h2>请选择与需要评测文本对应的 WAV 音频文件</h2>
<input type="file" name="file" id="pic" accept=".wav" class="buttons1"
required>
<input type="submit" value="开始评测"onclick="uploadPic()" class="buttons2">
<span class="showUrl"></span>
<img src="" class="showPic" alt="">
</form>
```

解析后的页面展示效果，部分内容如下:

```
<div style="...">
{% if result %}
<h3 style="...">本次{{category_label}}得分为:{{result['total score']}}</h3>
<h3 style="...">本次{{category_label}}的朗读内容为:{{result['content']}}
</h3>
<h3 style="...">本次{{category_label}}的朗读总时长(单位:ms)为:{{(result
['time_len']lint)*10}}</h3>{% if category in ['read_syllable', "read_word']%}
<table width="600" border="6" cellpadding="10">
<tr>
<th align-"center">序号</th>
<th align="center">朗读(字)词</th>
<th align="center">朗读时长(ms)</th>
<th align="center">拼音</th>
</tr>
{% for i in range(result['sentence']llength)%}
<tr>
<td align-"center">{{loop.index}}</td>
<td align="center">{{result['sentence'][i]['content']}}</td>
<td align="center">{{(result['sentence'][i]['time len']| int)*10 }}</td>
```

步骤 5:在 speech_evaluation_app.py 文件中启动服务的代码如下:

```
If __name__ == "__main__":
app.run(debug=True)
```

步骤 6：运行命令。用鼠标右键单击"Run speech_evaluation_app"文件，单击"运行"命令，运行结果如图 6-28 所示。

图 6-28　运行结果

步骤 7：单击图 6-28 中链接或复制"http://127.0.0.1:5000/"到浏览器窗口的地址栏中，打开网址，显示语音评测页面如图 6-29 所示。

图 6-29　语音评测页面

输入评测文本后，在页面中可以看到评测结果。从输出的语音评测结果中可以看出：

（1）语音评测方法能够分别针对单字、词组和句子进行评测。

（2）语音评测方法能够给出相应的评测总分（总分是声母、韵母、声调正确率的得分）。

任务评价

本任务的评价表如表 6-10 所示。

表 6-10　任务评价表

任务评价表				
单元名称		任务名称		
班级		姓名		
评价维度	评价指标	评价主体		分值
		自我评价	教师评价	
知识目标达成度	了解语音评测的相关术语			10
	掌握讯飞开放平台使用流程			10
	掌握语音评测能力接口调用处理流程			10

续表

评价维度	评价指标	评价主体		分值
		自我评价	教师评价	
能力目标达成度	能够熟练获取讯飞开放平台的能力接口信息			10
	能够正确调用平台接口			10
	能够基于开放平台完成简单的语音测评任务			10
素质目标达成度	具备良好的工程实践素养			10
	善于发现问题、解决问题			10
	具备严谨认真、精益求精的工作态度			10
团队合作达成度	团队贡献度			5
	团队合作配合度			5
总达成度=自我评价×50%+教师评价×50%				100

任务 6.3　语音评测产品开发中的实施

任务情境

　　虽然开放平台的应用大大降低了语音评测产品开发的难度，但是在实际项目开发中，依旧会出现各类问题。其中一类是由于网络连接失败等造成的，可以参照任务 3.1.3 进行解决；另一类是语音评测产品开发特有的问题，如图 6-39 所示。

　　10106 错误码产生的原因可能如下。

　　（1）参数值不在规定范围内。

　　（2）（WebAPI）编码引起的参数问题。

　　（3）（WebAPI）对 body 的参数没有进行urlencode 处理。

　　而在语音评测产品开发中，10106 错误码通常是由于评测试题不符合格式引起的。需要注意的是，中文试题与英文试题有所不同，同语种的不同题型也有差异。

图 6-39　语音评测特有错误码

任务布置

　　1．了解各类错误产生的原因和解决方案。

　　2．对给定的工程项目进行调试，完成三种类型语音的评测，直到输出正确结果。

　　3．完成调试报告。

知识准备

6.3.1　中文评测试题格式

1．单个汉字的评测

（1）评测题型参数名称。

read_syllable

（2）试卷格式。支持以下两种试卷格式。

① 拼音标注试卷。以<customizer:interphonic>开头，字单独占一行，紧接着的一行为字的拼音。

- 用拼音后加数字代表声调，1～4 分别代表一到四声，5 表示轻声。
- ü 除了 lü 和 nü 用 lv 和 nv 表示，如女（nv3）；其他用 u 表示，如局（ju2）。
- üe 用 ue 表示，如略（lue4）。

② 纯文本试卷。每个字间用逗号隔开。

建议不超过 400 字节，且单行汉字个数不超过 100 字。

（3）试卷示例。

- 拼音标注示例：

```
<customizer: interphonic>
丰
feng1
呈
cheng2
政
zheng4
```

- 纯文本示例：

丰，呈，政

2．中文词组评测

（1）评测题型参数名称。

read_word

（2）试卷格式。

支持以下两种试卷格式。

① 拼音标注试卷。与字的拼音标注试卷一样，只不过将字换成词语。

② 纯文本试卷。每个词间用逗号隔开。

建议不超过 400 字节，且单行汉字个数不超过 100 字。

（3）试卷示例。

· 拼音标注示例：

```
<customizer: interphonic>
宁可
ning4|ke3
非难
fei1|nan4
灾难
zai1|nan4
```

· 纯文本示例：

宁可，非难，灾难

3. 中文句子评测

（1）评测题型参数名称。

```
read_sentence
```

（2）试卷格式。
支持以下两种试卷格式。
① 拼音标注试卷。与词组的拼音标注试卷一样，只不过将词组换成句子。
② 纯文本试卷。
建议不超过 2000 字节，且单行汉字个数不超过 100 字。
（3）试卷示例。
· 拼音标注示例：

```
<customizer: interphonic>
这是中文语句评测示例。
zhe4|shi4|zhong1|wen2|yu3|ju4|ping2|ce4|shi4|li4
```

· 纯文本示例：

这是中文语句评测示例。

（4）注意事项。
· 拼音标注格式下，拼音个数要与汉字个数一致，并且单行汉字个数不能超过 100。
· 建议每份试卷字数不超过 200 字，字数太多，朗读语音过长，响应时间较长。

4. 中文篇章评测

（1）评测题型参数名称。

```
read_chapter
```

（2）试卷格式。

支持以下两种试卷格式。

① 拼音标注试卷。与句子的拼音标注试卷一样，只不过篇章是由多个句子组成的。

② 纯文本试卷。

文本建议不超过 2000 字节，且单行汉字个数不超过 100 字。

（3）试卷示例。

- 拼音标注示例：

```
<customizer: interphonic>
大家好。这是中文篇章评测示例。
da4|jia1|hao3|zhe4|shi4|zhong1|wen2|pian1|zhang1|ping2|ce4|shi4|li4
```

- 纯文本示例：

大家好。这是中文篇章评测示例。

（4）注意事项。

- 请按照语文写作文的格式，需要有准确的标点符号进行分句，如分号、逗号、问号、句号、感叹号等。
- 每句话（由分隔号分割）不超过 100 字。
- 拼音标注格式下，拼音个数要与汉字个数一致，并且单行汉字个数不能超过 100 字。
- 建议每份试卷字数不超过 200 字，字数太多，朗读语音过长，响应时间较长。

6.3.2 英文评测试题格式

1. 英文单词评测

（1）评测题型参数名称。

```
read_word
```

（2）试卷格式。

① 一个单词占一行，首行必须用[word]标记，单个单词长度应不大于 32 字节。

② 数字读法标注试卷如下：

- 在数字下一行必须用[number_replace]标记。
- 在[number_replace]的下一行，以"数字/读法/"这种格式标注，注意符号/个数必须为 2，且//中内容不可以加符号。

建议不超过 700 字节。

（3）试卷示例。

- 普通文本示例：

```
[word]
apple
banana
orange
```

· 数字读法标注示例：

```
[word]
13
[number_replace]
13/thirteen/
```

（4）注意事项。

· 单个单词可支持标点符号，仅支持英文半角字符 "." "-" "'"（分别为点号、连字符、上单引号），如可支持 p.m 和 year-old，不支持 hello,world。

· 单个单词不支持标点符号两端都是空格（标点符号单独作为一个单词会报错）。

· 每个单词字节数不可超过 31。

· 建议单词数量不超过 100。

2. 英文句子评测

（1）评测题型参数名称。

```
read_sentence
```

（2）试卷格式。

① 普通英文文本，首行必须用[content]标记，单个单词长度应不大于 32 字节。

② 数字读法标注试卷要求同英文单词题型，建议不超过 2000 字节。

（3）试卷示例。

· 普通文本示例：

```
[content]
This is an example of sentence test.
```

· 带可支持英文半角字符的示例：

```
[content]
I don't know.
```

· 数字读法标注示例：

```
[content]
I'm 13 years old.
[number_replace]
13/thirteen/
```

（4）注意事项。

· content 节点中，不支持字符所占字节数不能超过总字节数的 10%。

· 每个单词字节数不可超过 31。

· 每个句子中单词数不能超过 100，每句字节数不能超过 1024（分句符号也算作 1 字节）。

· 所有单词数不能超过 1000。

3. 英文篇章评测

（1）评测题型参数名称。

read_chapter

（2）试卷格式。

· 普通英文文本，首行必须用[content]标记，采用英文半角字符".""!""?"";"四个符号进行分句。

· 文本总单词个数不能超过 1000。

· 数字读法标注格式请参照英文句子题型。

（3）试卷示例。

```
[content]
Hello,everybody.This is an example of sentence test.
```

（4）注意事项。

· content 节点中，不支持字符所占字节数不能超过总字节数的 10%。

· 每个单词字节数不可超过 31 个。

· 每句单词数不能超过 100，每句字节数不能超过 1024（分句符号也算作 1 字节）。

6.3.3 英文音标标注试题制作规范

1. 文本输入格式

· [content]、[word]均用来说明文本的类型，试卷中必须有且仅有一个类型的头。

· [word]为单词题型头、[content]为句子和篇章题型头，其中[word]标记的试卷中，每行仅能有一个单词。

· [vocabulary]中罗列每个单词的音标，多发音的音标必须用"|"隔开。每个音标序列不能大于 128 字节。

2. 英文单词自定义发音

用户可通过试卷音标标注指定单词发音，以下是几种题型的示例。

· 英文句子题型：

```
[content]
May I help you. Yes please. Does this sweater come in yellow.
[vocabulary]
help/hh eh l p/
```

· 英文单词题型：

示例一：

```
[word]
kitchen
[vocabulary]
```

```
kitchen/'k ih - ch ih n/
```

示例二：

```
[word]
off
[vocabulary]
off/oo f | ao f/
```

示例三：

```
[word]
they
there
[vocabulary]
there/dh ar/
```

注意：以上采用的音标均为讯飞音标，详情请参见讯飞语音评测试题格式及结果说明文档中评测结果格式的音标对照表。

3. 英文分词分句的规则

• 句子结束的标点符号是 "."" !"" ?"" ;"，缩写中的点号不作为句子的结束标点切分句子。

• 引擎支持小数的解析，如果点号左右紧接着数字，则该点号为小数点；如果点号左右为非数字字符，则该点号为句子结束标点或者缩写中的点号。

• 单词题型中没有句子的概念，故不会根据句子结束标点进行分句。表示句子结束的标点在单词首尾将被过滤掉，在单词间将不做任何处理。

• 分词符号是 "|"" \"" ,"" ."，除此以外的符号将被转换为空格进行分词。

4. 文本规范

• 文本中的标签必须拼写正确，而且不能杂含其他多余的字符；中括号 "[ ]" 为标签的符号，正文中不能出现中括号，否则解析结果为未定义；圆括号 "( )" 为标记符号，用于标记连读、停顿、句末升降调、重读等信息，括号内除去约定的字符外，不能为其他字符，否则解析结果不正确。

• 一个标签不能在一个文本中出现两次，也不能在同一文本中出现两个同一类型的标签。

• 文本中第一个标签的前面不要出现任何字符。

• 标签和正文之间是通过换行来控制位置关系的，这种位置上的对应关系不能被打破。

• 生词中的音标标签必须按照文本格式要求标写，每行是一个单词对应的音标，音标序列中不能杂含其他非音标字符（引擎定义的）或非法字符。

• 引擎不对文本进行语义解析，例如，引擎不能解析出 "-780" 是一个负数。

• 除特殊字符 " "" ' "" . "" ! "" ? "" "" : "" ; "" - "" | "" \x0A "" \t "，以及数字、字母之外，其他字符将被过滤掉。全角字符数或者非法字符数不能超过总字符数的 10%。

• 英文文本中,除.(如 p.m)、-(如 80-year-old)、'(如 I'm)这三个字符外,其余字符均会被判定为非法字符。
• 文本内容不区分大小写。

任务实施

工程实施中进行验证。

操作步骤

(1)打开框架,了解前端和后端程序的功能。
(2)利用框架,分别实现中文字、词、句、篇章的评测。
(3)利用框架,分别实现英文单词、句子、篇章的评测。
(4)利用框架,实现英文音标标注试题的评测。

任务评价

本任务的评价表如表 6-11 所示。

表 6-11 任务评价表

任务评价表				
单元名称		任务名称		
班级		姓名		
评价维度	评价指标	评价主体		分值
		自我评价	教师评价	
知识目标达成度	中文评测试题格式要点			10
	英文评测试题格式要点			10
	英文音标标注试题制作规范			10
能力目标达成度	能够完成中文字、词、句、篇章的评测			10
	能够完成英文单词、句子、篇章的评测			10
	能够完成英文音标标注试题的评测			10
素质目标达成度	具备良好的工程实践素养			10
	善于发现问题、解决问题			10
	具备严谨认真、精益求精的工作态度			10
团队合作达成度	团队贡献度			5
	团队合作配合度			5
总达成度=自我评价×50%+教师评价×50%				100

任务拓展

将调试中发现的问题和解决步骤进行整理，形成调试报告。

习题

1. 描述语音评测的应用场景。
2. 描述语音评测的技术框架。
3. 说明基于讯飞开放平台实现语音评测的关键步骤。
4. 说明中文评测和英文评测在应用开发中的区别。

单元 7　语音技术综合实践

- 能够理解什么是虚拟主播、虚拟主播的特点、应用场景、技术框架。
- 引导学生通过讯飞开放平台设计开发一个虚拟主播视频，培养学生智能语音综合应用开发的能力。

任务 7.1　设计虚拟主播

任务情境

众多专业性较高的展馆蕴含着丰富的文化底蕴，这对于一般观众而言，往往构成了一定的理解障碍。为了克服这一难题，我们可以围绕展馆的核心精髓，精心打造人性化的虚拟主播形象，使之成为展馆的虚拟导览员、讲解员及客服代表。这些虚拟角色将以新颖有趣的方式，向广大观众深入浅出地普及展馆内容与文化精髓，从而使宣传效果更加深入人心，引人入胜。

任务布置

理解并掌握通过开放平台进行虚拟主播视频设计开发的过程，能够清晰地描述每个步骤的功能和具体目标，能够理解流程中涉及的专业术语。

知识准备

7.1.1　了解虚拟主播

1. 虚拟主播的概念和术语

从狭义上来讲，虚拟主播是指以原创的虚拟人格设定和形象在视频网站或社交平台上进行活动的主播。从广义上来讲，虚拟主播是指以虚拟形象在视频网站上进行投稿活动的主播，并不对是否为虚拟人设进行限制。与真人主播不同，虚拟主播的呈现形态为 2D 或 3D 虚拟人物，声音可以为软件合成配音，也可以为真人配音。本单元介绍的虚拟主播，更多的是指人工智能主播。

人工智能主播（虚拟主播）是指以大数据处理与学习、虚拟合成与分身、人机交互等人工智能技术为驱动，在广播、电视、电子出版及互联网等媒介中担负主持与播报任务的智媒产品。

人工智能主播又称"合成主播""机器主播"等,在学术界尚未形成统一、固定的表述,原因是不同时期人工智能技术的发展水平不同,但其本质都是以人工智能技术的创新发展为前提、以智能机器替代(或部分替代)人类主持与播报任务为目的的科技产品。人工智能主播的早期形态是虚拟主持人。

关于虚拟主播,涉及虚拟、智能、合成等不同概念的选择使用,既反映了人们对其认知界定的差异,也是对象复杂性的表现。在相关论述中,"虚拟主播"与"AI 智能主播""AI 主播""AI 主持人""人工智能主播""AI 合成主播"等词语相互交织,相互借用。"人工智能主播"与"AI 合成主播"十分相似,两者都强调人工智能,但后者更强调"合成"。"合成"指真人主播与虚拟主播通过形体外观与技术内核组合在一起。"虚拟"与现实相对,网络主播中的虚拟形象也属此类,但"合成"相对而言强调技术上的生成,两者虽有不同,但都基于人工智能技术。

2. 虚拟主播的类型与发展

目前主流的虚拟主播有两种类型:Avatar 式虚拟主播和 AI 虚拟主播。

(1)Avatar 式虚拟主播。

通常使用 Live2D 或 3D 模型,加上虚拟背景,对真人进行面部或全身动作捕捉,但虚拟主播的语音与动作都来自于背后操作人员,虚拟形象通常被称为皮套。目前市面非常火爆的 VTuber 和 VUP,都属于这类虚拟主播,也是最常见的一类。

(2)AI 虚拟主播。

这类主播并不由真人操作,主要运用人工智能及智能语音技术,提前对 AI 主播的真人原型进行录音和动作采集,再由人工智能进行深度学习,根据真人的动作习惯和音色自动生成一个独一无二的 AI 虚拟主播,并且对原型的还原程度相当高。央视的纪小萌就是此类型的虚拟主播。

人工智能主播从完全的虚拟动画形象到拥有真人形象参照,历经了数十年时间。2018 年,全球首个 AI 合成主播,即首个完全模拟和仿真的合成主播"新小浩"诞生,是由新华社使用 CCTV 主持人邱浩的声音、语料和外表建模而成的。真实人物和数字建模的组合创建了一个看起来是物理上存在,实际上是作为化身存在的场景。在此之后的 AI 合成主播也大多是对人类主播进行虚拟建模而成的。与此同时,英国的"索菲亚"、日本的"Erica"和中国的"小小撒",则是以机器人形态出现的智能主播典型代表,拥有了"实际身体"的机器人主播甚至可以模仿人类主播的主持风格进行互动采访。

目前,我国的虚拟主播大多聚集于 BiliBili(B 站),以卡通风格的 3D 或 2D 形象出现,其原因在于 B 站平台本身就具备相当浓厚的二次元文化氛围,迎合了主要受众群体的审美取向。虚拟主播和视频观众群体因为共同的兴趣爱好而聚集,并在 B 站的评论和弹幕中建构了一个想象的、交互的虚拟社群。美国作家约翰·哈格尔指出,这种社群能够将互联网中分散的个体用户通过共同的兴趣联系起来。虚拟社群内的个体能够轻松地将看法与想法相似的陌生人分享,并通过与群体成员、虚拟主播之间的情感共鸣,使虚拟主播文化与二次元文化紧密结合。

AI 虚拟主播"小晴"是科大讯飞公司推出的产品,它的核心技术是利用语音合成、语音识别、语义理解、图像处理、机器翻译等多项人工智能技术,实现多语言的新闻自动播报,并支持文本到视频的自动输出,最终呈现出完整的 AI 虚拟主播效果。近年来,AI 虚拟主播"小晴"在广州日报报业集团、广西卫视、哈尔滨日报报业集团、重庆巴南区融媒体中心等多家主流媒体亮相,负责《每日安民告示》《八桂科创》《AI 虚拟主播"小晴"带你看哈市两会》《暖春助农——大型全媒体公益行动》等节目的主持与播报工作。通过实践，虚拟主播"小晴"给各大媒体注入了新活力，是传统媒介与人工智能相结合的一次重要尝试。

3. 虚拟主播的优势与缺点

虚拟主播相比传统真人主播极大地提升了生产内容的效率并节约了成本，主要具有如下优势。

（1）去时间化。

AI 虚拟主播可以全年、全天不间歇工作，只要稿子准备好，便可以随时上岗，并且保持每次工作的效率和质量都一致。编辑只需要在控制系统中输入审定好的稿件，几分钟后，一段 AI 虚拟主播的新闻播报视频就由人工智能系统自动生成了。按照程序生成的播报视频语调一致，不会出现真人主播因自身原因而口误、念错、读漏字词句的情况。同样的稿件，AI 虚拟主播完成的时间短、准确率高。

（3）去地点化。

AI 虚拟主播在主持时不需要布置演播室，在配音时不需要录音设备的支持，在突发性事件和灾难性报道中，AI 虚拟主播的"去地点化"就有得天独厚的优势。

（3）去人力化。

在人力资源的配置上，AI 虚拟主播不需要服装、化妆、造型等工作人员的支持，也不需要录制团队（如导播、摄像师、音效师、道具组等）的配合；配音成品基本没有卡壳、重录等现象，为后期剪辑的工作人员提供了便利。无论是前期的筹备，还是后期的剪辑，都节省大量的人力资源，可用有限的人力完成更多的工作内容。

虽然虚拟主播已经得到广泛应用，但在现有技术方案和开发背景下，虚拟主播也存在一些明显的缺点，主要如下。

（1）形象单一、词库受限。如果需要更丰富的形象和更多样的景别、词库，就需要投入大量资金进行定制开发。

（2）无社交性，难以处理突发事件和表达情感。AI 虚拟主播是通过提取真人主播在播报时的特征，运用语音、唇形、表情合成及深度学习等技术联合建模训练而成的。本质上，AI 虚拟主播是人类通过技术创造出来的，它没有人类所具备的社交属性和情感，不能完全代替真人主播。主播的工作是具有社交属性的，很多时候主播需要跟团队里的工作人员交流并适当做出调整，以满足节目或新闻所需的精细要求，这一点在直播或大型活动执行中尤为重要。

4. 虚拟主播的应用场景

目前，虚拟主播主要应用在互动娱乐、虚拟课堂、新闻或视频主播、教育等场景，如活动中虚拟主持人讲解规则、新闻节目或是综艺节目里的 AI 智能虚拟主持人、展馆中的虚拟主持讲解员等。在二次元崛起的当下，使用虚拟形象进行直播带货，自然容易受到年轻人的喜欢，淘宝、天猫、京东等均已构建 3D 虚拟形象深度地应用到常态直播当中。

虚拟主播在教育行业的应用也很广泛，目前主要有以下三个方面。

（1）虚拟主播可以运用到动画类的教育软件中，如可互动的电子绘本，可以使儿童对绘本中的图片、文字有更加立体的认知，再加上讨喜的虚拟主播的形象和声音，甚至可以实现让书中的角色来讲述自己的故事，这样一来，儿童原本对读书较为单一固化的思想就会被电子绘本所改变，再加上老师的教导，可以多方面地对儿童的思维进行拓展。

（2）虚拟主播还可以用在贫困地区支教，采用 AI 虚拟主播给贫困地区的孩子们授课，不仅可以避免人力方面的问题，还能让孩子们真真切切地感受到科技带来的生活上的改变，用一些特殊的虚拟主播形象，如孙悟空等，可以让孩子们兴趣更浓，教学质量也能大大提升。

（3）虚拟主播技术可以用在课堂上，将一些历史上的名人、伟人"复活"，如牛顿、爱因斯坦等，用智能语音技术和人工智能技术来实现，为学生们讲解公式的来源和当时的时代背景，使学生们能对一些枯燥的定理和公式有更深的理解，甚至喜欢上曾经讨厌的科目。

7.1.2　虚拟主播的主要技术

1. 建设虚拟主播的模型

一般的虚拟主播可以分成 2D 和 3D 两类，制作者可以通过 Photoshop、3ds Max、Maya 等绘图软件来制作。

2. 面部或全身动作捕捉

通过相机阵列进行画面捕捉，如图 7-1 所示为相机阵列。

图 7-1　相机阵列

通过动态捕捉设备捕捉真人动作和表情，并映射到虚拟模型上。而这些形象通常以 3D 模型和 Live2D 的形式来呈现，各种等级的动态捕捉设备都办得到。如图 7-2 所示为动态捕捉设备。

图 7-2　动态捕捉设备

目前市面上主流的是直接用手机或计算机摄像头自动捕捉，如 iPhone 的前置摄像头就安装了红外镜头来支持 Animoji 的面部捕捉，还有专业的面部捕捉设备 Mocap Cameras 等。

获取面部数据通常有以下两种方法。

（1）结构光方法。此方法也是使用最多最广泛的方法之一，在光学镜头之外会配合红外镜头，有时也需要泛光照明灯、泛光感应元、点阵投影器等辅助设备，来获取人脸的深度信息。点阵投影器可以向人脸投射肉眼不可见的光点组成的点阵，脸部的凹凸不平会使点阵形状发生变化，红外镜头可以读取点阵图案，再与前置摄像头拍摄到的人脸通过算法相结合，以获得带有深度信息的面部信息。

（2）相机阵列方法。阵列即以一定间距和规则摆放相机，为捕捉面部动作设计的相机阵列通常呈环形。演员需要居于中心点进行拍摄，目的是通过不同视角来获取人的面部表情及运动的三维数据，如图 7-3 所示。此方法精度高，但设备价格较昂贵。

图 7-3　面部表情及运动的三维数据获取

3. 智能语音合成技术

智能语音合成是通过机械的、电子的方法产生人造语音的技术，是将计算机产生的或外部输入的文字信息转变为可以听得懂的、流利的口语输出的技术。智能语音合成技术可以分为两个步骤来实现。

（1）收集足够多的数据生成语音原料数据库（语音库）。

语音库是大量文本和其对应音频的（Data Pairs）。为了实现更精细的语音合成，一般用语音学标注系统自动标注一遍文本，再用类似语音识别的工具得到音素和音频时间上的切分。这样就可以得到语音库里的每一个音素，它在音频中的起止时间（音素本身的 Waveform），以及其对应的语音学标注。该步骤涉及很多值得研究的问题，如拼写相同但读音不同的词的区分、缩写的处理、停顿位置的确定等。

（2）语音合成。

根据需求，可从以下几种语音合成方法中选择一种。

① 参数法。即根据统计模型来产生每时每刻的语音参数（包括基频、共振峰频率等），然后把这些参数转化为波形。参数法也需要事先录制语音进行训练，但它并不需要 100% 的覆盖率。参数法合成的语音质量比拼接法差一些。

② 声道模拟法。参数法利用的参数是语音信号的性质，它并不关注语音的产生过程。与此相反，声道模拟法则是建立声道的物理模型，通过这个物理模型产生波形。这种方法的理论看起来很优美，但由于语音的产生过程实在太复杂，所以实用价值并不高。

③ 拼接法。即从事先录制的大量语音中，选择所需的基本单位拼接而成。这样的单位可以是音节、音素等，但为了追求合成语音的连贯性，也常常使用双音子（从一个音素的中央到下

一个音素的中央）作为单位。拼接法合成的语音质量较高，但它需要事先录制大量语音以保证覆盖率。

7.1.3 虚拟主播的平台实现

虚拟主播实现的底层技术涉及人工智能、大数据等多个技术方向，需要大量专业技术人员进行研发，但随着技术的日益成熟，很多公司对于底层技术进行了封装，使得普通用户也能够方便、快捷地制作属于自己的虚拟主播视频。在制作时主要遵循以下技术框架，如图 7-4 所示。

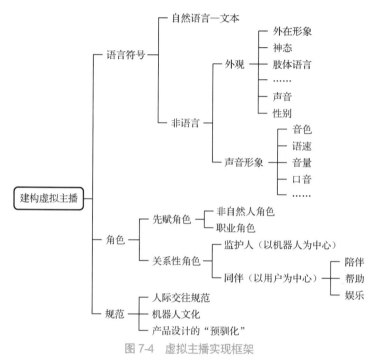

图 7-4 虚拟主播实现框架

讯飞开放平台提供了一套 AI 虚拟主播系统，它是"一站式虚拟主播视频生产和编辑服务"的系统。它像一个虚拟的"AI 演播室"，简单地输入文稿，指定 AI 主播，即可一键完成视频的生产输出。AI 主播支持多语言、多方言，同时可变换姿态、变换造型等。除了强大的 AI 主播生成能力，系统还具备视频音画的多轨混编、智能拼接、画中画编辑等完善的视频处理功能，可一站式完成成品视频的编辑生产，满足不同平台视频发布需求，大大提高了内容生产效率。

任务实施

虚拟主播的平台实现。

操作步骤

基于讯飞开放平台定制虚拟主播解决方案，可以快速实现合成配音、生成 AI 虚拟主播视频。

（1）进入 AI 虚拟主播解决方案页面，如图 7-5 所示。

图 7-5　AI 主播解决方案页面

（2）单击"立即使用"按钮，进入 AI 虚拟主播制作页面，如图 7-6 所示。

图 7-6　AI 虚拟主播制作页面

（3）单击"制作主播视频"按钮，进入制作主播视频的操作页面，如图 7-7 所示。

图 7-7　制作主播视频的操作页面

在该页面左侧可选择平台定制的虚拟主播形象，在右侧可输入需要播报的语音内容文本，即可完成虚拟主播视频的制作。

任务评价

本任务的评价表如表 7-1 所示。

表 7-1　任务评价表

任务评价表				
单元名称		任务名称		
班级		姓名		
评价维度	评价指标	评价主体		分值
		自我评价	教师评价	
知识目标达成度	了解虚拟主播的概念、术语、类型、发展和应用			10
	理解虚拟主播的技术构成			10
	了解虚拟主播的开发资源			10
能力目标达成度	能够设计虚拟主播系统的技术框架			10
	能够选择资源开发平台			10
	能够完成虚拟主播平台的实现			10
素质目标达成度	具备良好的工程实践素养			10
	善于发现问题、解决问题			10
	具备严谨认真、精益求精的工作态度			10
团队合作达成度	团队贡献度			5
	团队合作配合度			5
总达成度=自我评价×50%+教师评价×50%				100

任务 7.2　设计社区居民情况调查智能客服系统

任务情境

在追求智慧社区建设的背景下，为了深入且精确地把握社区居民的多元化需求、生活现状及满意度水平，并进一步提升社区管理与服务的效能，我们计划研发一套针对社区居民情况调查的智能客服系统。此智能客服系统不仅能够迅速响应居民的各项需求，提供量身定制的解答服务，还兼备自动采集、整理及深度分析调查数据的功能。它将为社区管理者呈现一份详尽的居民需求分析报告，为社区制定更为科学、合理的服务策略与改进举措提供有力支持，从而携手共创一个更加和谐、智慧且宜居的社区生活环境。

任务布置

1. 了解话术的概念，设计智能客服话术内容。

设计社区智能客服系统　　海底捞客服

熟悉平台的使用，可视化配置智能客服话术及交互逻辑。

2. 了解智能客服系统设计开发的一般过程，能够清晰地描述智能客服系统设计思路和具体实现方法，能够在人机交互平台上完成智能客服系统设计。

知识准备

7.2.1　人工智能训练师职业认知

人工智能训练师是指使用智能训练软件，在人工智能产品实际使用过程中进行数据库管理、算法参数设置、人机交互设计、性能测试跟踪及其他辅助作业的人员。本任务需要完成智能客服系统设计，属于人工智能训练师职业中的岗位任务之一。

2020 年 2 月 25 日，人社部印发〔2020〕17 号文件，《人力资源社会保障部办公厅市场监管总局办公厅统计局办公室关于发布智能制造工程技术人员等职业信息的通知》，发布了新增的 16 个新职业信息，"人工智能训练师"位列其中。

2021 年 11 月，人社部发布"人工智能训练师"国家职业技能标准。国家职业技能标准是在职业分类的基础上，根据职业活动内容，对从业人员的理论知识和技能要求提出的综合性水平规定，是开展职业教育培训和人才技能鉴定评价的基本依据。该标准由国家人社部职业技能鉴定中心、浙江省人社厅指导，阿里巴巴集团牵头，科大讯飞股份有限公司、浙江省技能人才评价管理服务中心、北京百度网讯科技有限公司等单位主要起草，历时 2 年完成。

2022 年 4 月，北京市人力资源和社会保障局印发《关于开展新职业技能等级认定工作的通知》，将人工智能训练师分为五个技能等级，分别是初级工（五级）、中级工（四级）、高级工（三级）、技师（二级）和高级技师（一级）。

7.2.2　人机交互与智能客服

人机交互（Human - Computer Interaction），英文缩写为 HCI，是一门研究系统与用户之间的交互关系的学问。系统可以是各种各样的机器，也可以是计算机化的系统和软件。人机交互界面通常是指用户可见的部分，用户通过人机交互界面与系统交流，并进行操作。

传统的人机交互研究的是用户与计算机系统间往来的交互，系统和人之间存在着一般的输入/输出装置，在这些输入/输出装置之间会发生一系列的相互作用，于是将人接触的系统的输入/输出装置及这些设备上显示的内容作为用户界面（UI）。新的人机交互可划分为人、计算机及交互这三个要素，关注于人们可以亲眼看到、亲耳听到的界面设计或音效制作。

人机交互主要研究人和计算机之间的信息交换，主要包括人到计算机和计算机到人的两部分信息交换，是人工智能领域重要的外围技术，是与认知心理学、人机工程学、多媒体技术、虚拟现实技术等密切相关的综合学科。

20 世纪 50 年代末期，泛美航空公司建成世界上第一个提供 7×24 小时服务的呼叫中心，开启了呼叫中心产业发展的历史进程。伴随着现代科技的不断进步，特别是在互联网技术的推动下，传统呼叫中心以人工语音服务为主的服务方式逐渐演变为当下多媒体、全渠道、以在线服务方式为主的客服中心。客服中心广泛应用于政府、金融、保险、银行、电信、电子商务、物流、医疗等若干行业，已走进人们生活的方方面面。然而，客服中心服务渠道不断扩展的同时，企业服务客户的数量也呈现指数级增长，随之面临着人员短缺、工作重复性高、工作强度大、招人难、培训效率低、运营成本高、客户关系维护困难等一系列问题。人工智能全面推动产业升级，凭借强大的语音识别、语音合成、自然语言理解、声纹识别等核心技术，以 AI+客服的新思路解决了当前客服行业的发展难题，客服领域迎来了新的机遇——智能客服机器人。剑桥大学发布调查报告，客服是最有可能被 AI 替代的行业之一，替代率将达到 80%以上。人工智能技术与客服领域应用发展历史如图 7-8 所示。

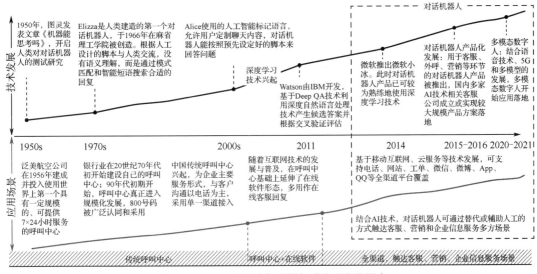

图 7-8　人工智能技术与客服领域应用发展历史

随着人工智能技术的发展，智能客服也经历了多次迭代，从最初的基本应答系统到扩展的智能应答系统，直至现在可视化多模态智能客服平台。智能客服发展迭代如图 7-9 所示。

阶段标准	AI应用场景	人工智能发展阶段
客服1.0	呼入导航	运算+感知
客服2.0	客服1.0+呼入+呼出场景机器人	感知
客服3.0	客服2.0+管理机器人	感知+认知
客服4.0	客服3.0+全语音门户	感知+认知
客服5.0	客服4.0+CTI（可选）+CRM（可选）	感知+认知

图 7-9　智能客服发展迭代

完成一项智能客服业务需要经历大量的工作，包括需求调研、可行性分析、产品设计、投入研发、批量测试、灰度上线、正式发布、数据分析、持续优化等过程。

实施好智能客服产品的关键在于是否具备专业团队。专业的智能客服训练师团队包含行业专家、设计专家、运营分析专家和优化专家。行业专家熟知行业背景、行业产品，对策略、技巧具有至深的理论和实践经验；设计专家需要具备丰富的一线客户服务经验，对业务场景话术逻辑及语言设计经验丰富，注重客户情感互动及客户心理研究；运营分析专家根据业务考核需求对各维度数据进行深入分析，为策略制定、话术及产品优化效果提供重要保障；优化专家针对行业特性，提升电话机器人语音合成、语音识别效果，提升产品的易用性及客户服务体验。

人机交互设计的最终目标，是要在人们使用数字产品或服务来工作或解决问题的过程中，向人们提供最佳和流畅的体验。智能客服机器人是企业数字化服务过程中的重要内容。未来智能客服领域的发展有以下三大趋势。

（1）追求规模化定制能力。即在满足客户个性化需求的基础上实现产品生产的规模化，以提升企业生产效率与经济效益，为实现产品的规模化定制，依托 AI 能力和项目经验积累，构建对话机器人工厂，为众多厂商提供高效的服务策略。

（2）基于 AI 技术的产品迭代与性能优化。AI 技术的发展突破将为产品的生产使用带来优化甚至颠覆。对于 AI 企业来说，自研技术能力至关重要，厂商持续进行 AI 能力的自研扩张，深化自身在语音语义和知识图谱等领域的核心竞争力；同时，多模态、情感智能、多轮交互等技术也被厂商积极关注及研究。

（3）追求新业务增长。新业务增长点分为新增业务场景的渗透和新增相关工具的拓展。目前在客服营销领域厂商竞争激烈，厂商或以对话机器人产品为切入点，为客户打造一体化解决方案拓宽更多业务场景；或开拓新兴领域或赋能场景进一步渗透。新增相关工具拓展包括基于现有对话机器人产品下的工具组件延伸、与 RPA 技术结合化身为数字员工等。

本项目实训采用企业定制化人机交互平台实现。该平台以实际企业项目使用的工程环境为原型，同时加入了班级管理等适合教学的功能模块。人机交互平台界面如图 7-10 所示。

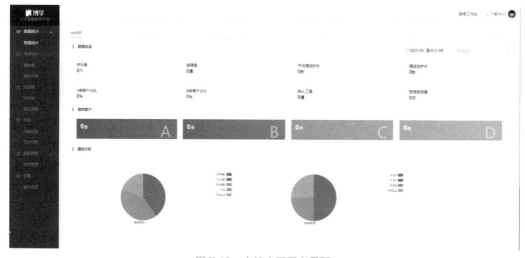

图 7-10 人机交互平台界面

任务实施

实现社区居民情况调查智能客服系统的搭建与电话测试。

工作流程

（1）调研需求，设计话术逻辑。

（2）利用账号登录人机交互平台，熟悉平台操作，可视化配置话术。

（3）调试训练搭建的智能客服系统。

（4）完成拓展任务。

操作步骤

1. 设计话术逻辑

步骤 1：调研需求。

通过网络搜索、小组讨论等方式，调研社区居民的需求，确定社区居民情况调查的话术范围和内容。

步骤 2：设计交互逻辑。

• 阶段的确定。

确定话术内容设计分为几个阶段，如身份核实阶段、需求确认阶段、结束语等。

• 流程节点的确定。

确定每个阶段分为几个流程节点，如身份核实阶段分为是、否等流程节点。

• 设计每个流程节点的话术内容。

为每个流程节点设计主话术和辅助话术，如"身份确认"节点，主话术为"请问您是幸福小区的居民吗？"辅助话术为"您是住在幸福小区的吗？"

• 设计每个客户回答场景。

针对每个流程节点的话术，设计客户回答的场景名称，如"身份确认"节点的客户回答场景为"是"或"不是"。

• 指定每个客户回答场景的客户说法。

为每个客户回答场景指定客户回答的说法，如"是"客户回答场景，指定客户说法为"是的 | 是在这儿 | 对 | 对的"。

• 确定每个客户回答场景的跳转流程节点。

如"是"客户回答场景的跳转节点为"是否有需求人群"节点。

步骤 3：完善交互逻辑表格。

交互逻辑表格设计完成后，检查每项内容和流程跳转等是否有错误。参考表格如表 7-2 所示。

表 7-2　交互逻辑表

阶段	流程节点 （机器人节点）	话　　术	房客回答 场景	指定客户说法	跳转流程节点
身份核实	身份确认	主：请问您是幸福小区的居民吗？ 辅1：您是住在幸福小区的吗？	否	不是	不在那儿住了	结束 1
			是	是的	是在这儿	对	对的	是否有需求人群
需求确认	是否有需求 人群	主：给您来电是想询问，家里是否有需要帮助的人员？	没有	没有	结束 2
			有	有	有的	我们家有	需求询问
	需求询问	主：请问您有什么需求？ 辅1：您这儿有什么难处吗？	需求 统计	老人	行动不便	重病	结束 3
结束语	结束 1	好的，祝您生活愉快！			
	结束 2	好的，谢谢您的反馈！			
	结束 3	好的，我们已做记录，谢谢！			

2. 可视化配置交互逻辑

步骤 1：用账号登录人机交互平台。

步骤 2：新建话术。

（1）单击左侧列表中的"我的对话"选项，如图 7-11 所示。

（2）在打开的页面中，单击"新建话术"按钮，如图 7-12 所示。

图 7-11 "我的对话"选项　　　　　　图 7-12 "新建话术"选项

（3）在"新建话术"对话框中输入话术名称，选择话术所属行业，选择普通话术，如图 7-13 所示。

图 7-13 "新建话术"对话框

（4）在如图 7-14 所示的话术列表中选择新建的话术，单击"编辑"按钮，进入编辑界面。

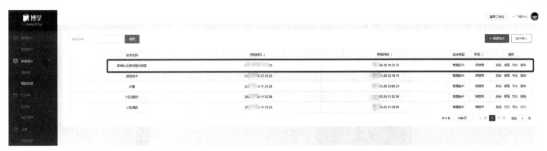

图 7-14　话术列表

步骤 3：配置交互逻辑。

（1）添加"身份确认"节点，填写普通话术属性中的描述（节点名称）、主话术和辅助话术等内容，如图 7-15 所示。

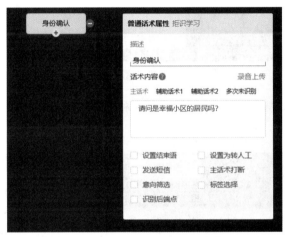

图 7-15　添加"身份确认"节点

（2）添加"客户回答"节点，填写回答属性中的描述和客户回答内容，如图 7-16 所示。

图 7-16　添加"客户回答"节点

（3）添加结束语。在结束话术属性中填写描述和话术内容，勾选"设置结束语"复选框，完成结束语的设置，如图 7-17 所示。

图 7-17　添加"结束语"节点

（4）根据交互逻辑表格，完成其他所有节点和客户回答场景的配置。交互逻辑流程图如图 7-18 所示。

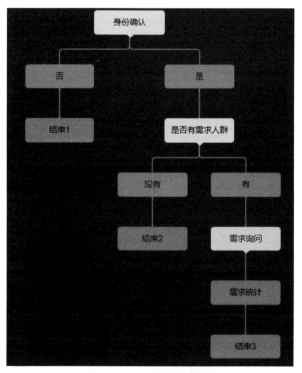

图 7-18　交互逻辑流程图

步骤 4：测试智能客服系统。

（1）单击编辑页面左上角的"预览"按钮，如图 7-19 所示。

图 7-19 "预览"按钮

（2）在弹出的对话框中，输入预览所要接收的电话号码，单击"确定"按钮，如图 7-20 所示。

图 7-20 "预览"对话框

（3）接听电话后，客服系统会将通话记录以文字的形式进行实时转写，如图 7-21 所示。根据通话情况，优化交互逻辑，并多次进行测试和训练。

图 7-21 "预览"实时转写界面

本任务通过交互逻辑设计、人机交互平台上可视化配置及预览电话测试，完成了一个简单的社区居民情况调查的智能客服设计。

任务评价

本任务的评价表如表 7-3 所示。

表 7-3　任务评价表

任务评价表				
单元名称			任务名称	
班级			姓名	
评价维度	评价指标	评价主体		分值
		自我评价	教师评价	
知识目标达成度	理解话术概念			10
	理解人机交互逻辑设计思路			10
	掌握可视化配置智能客服的方法			10
能力目标达成度	能够设计交互逻辑			10
	能够在平台上配置交互逻辑			10
	能够对设计的智能客服进行测试和训练			10
素质目标达成度	具备良好的工程实践素养			10
	善于发现问题、解决问题			10
	具备严谨认真、精益求精的工作态度			10
团队合作达成度	团队贡献度			5
	团队合作配合度			5
总达成度=自我评价×50%+教师评价×50%				100

任务拓展

任务实施中完成了简单的智能客服设计，请根据调研和调试情况，完善交互逻辑设计，并完成人机交互平台中的可视化配置，不断测试训练，优化改进，实现更具实用价值的智能客服产品。

反侵权盗版声明

电子工业出版社依法对本作品享有专有出版权。任何未经权利人书面许可，复制、销售或通过信息网络传播本作品的行为，歪曲、篡改、剽窃本作品的行为，均违反《中华人民共和国著作权法》，其行为人应承担相应的民事责任和行政责任，构成犯罪的，将被依法追究刑事责任。

为了维护市场秩序，保护权利人的合法权益，我社将依法查处和打击侵权盗版的单位和个人。欢迎社会各界人士积极举报侵权盗版行为，本社将奖励举报有功人员，并保证举报人的信息不被泄露。

举报电话：（010）88254396；（010）88258888

传　　真：（010）88254397

E-mail：　dbqq@phei.com.cn

通信地址：北京市海淀区万寿路 173 信箱
　　　　　电子工业出版社总编办公室

邮　　编：100036